岩 波 文 庫

33-934-3

アインシュタイン

一 般 相 対 性 理 論

小玉英雄 編訳・解説

岩 波 書 店

まえがき

　アインシュタインが一般相対性理論を 1915 年に完成させてから 100 年以上の歳月が流れたが，未だにその修正の必要性を示す観測・実験事実は現れていない．なぜ，このような深い自然法則を発見することができたのであろうか？　一方，同じく 1864 年以来長らく修正を必要としなかったマクスウェル方程式は，103 年後の 1967 年に電弱相互作用の統一理論(ワインバーグ–サラム理論)へと吸収され，修正を余儀なくされた．量子論との非整合性の解消を背景とした超弦理論の出現など近年の研究は，重力理論である一般相対性理論にも類似の運命が待ち受けていることを示唆する．しかし，未だにその具体像は描けていない．そのヒントを得るには，それまでのニュートン理論とは全く異質な概念，枠組みを導入することにより正解にたどり着いたアインシュタインの研究の足跡を，論文をひもといてたどるのもよいだろう．

　アインシュタインによる一般相対性理論関係論文の翻訳は，私の知る限り，これまでにまとまった形では 2 つ出版されている．一つは，石原純，山田光雄，阿部良夫，遠藤美壽の 4 名による翻訳で 1922 年に改造社から出版された『アインスタイン全集』(全 4 巻)で，1922 年までに発表されたアインシュタインの主要論文が網羅されている．アインシュタインより寄せられた序文が掲載された立派な装丁の全

集であるが，贈呈用の非売品として出版されており，入手困難である．もう一つは，アインシュタインの死後，共立出版より出版された湯川秀樹監修『アインシュタイン選集』(全3巻．1970-72)で，第2巻(内山龍雄訳編)に一般相対性理論および統一場理論関係の論文が掲載されている．

　本書は，これら網羅的論文集と異なり，アインシュタインが一般相対性理論を着想してからその定式化を完了するまでの9年間に発表された論文中から，6篇(＋補遺2篇)を選び出し，アインシュタインの思索の流れ，試行錯誤，困難を克服する鍵となったアイデアとその背景，当時競合していた他の理論の状況，他の研究者の相対性理論に対する見方を浮き彫りにすることを狙った選集である．6篇のうち先の選集と重複するのは，Entwurf論文と呼ばれるマルセル・グロスマンとの共著論文のみである．

　私はドイツ語の専門家でないので，翻訳に当たっては，プリンストン大学によるアインシュタインの学術論文のデジタル・アーカイブ https://einsteinpapers.press.princeton.edu/ に含まれる英訳を参考にしたが，一貫して可能な限り趣旨をドイツ語原文から直接読み取るよう努めた．もし，適切でない訳などお気づきの点があればお知らせ願いたい．

　最後に，本書が真に価値のあるものを生み出すために何が重要かを考えるきっかけとなることを切に望む．

2022年12月　　　　　　　　　　　　　　小玉英雄

目　次

6

23

掲載論文5 　重力の問題の現状について ……… 119

掲載論文6 　一般相対性理論について ………… 183

掲載論文7 　「一般相対性理論について」への
　　　　　　補遺 …………………………………… 205

掲載論文8 　重力場の方程式 ……………………… 213

　関連論文リスト　223

　人名リスト　229

総説
一般相対性理論誕生までの道のり

小玉英雄

　アインシュタインの論文の個別の解説に先立ち，まず一般相対性理論が誕生するまでの流れを簡単に振り返り，本書に翻訳を掲載した論文の位置づけについて述べる．なお，掲載論文の訳者解説も含め，文中に示す番号（[1]，[2]，…等）は，巻末にまとめた「関連論文リスト」の文献番号に対応している．本書に翻訳を掲載した8篇の論文については，[掲載論文1]，[掲載論文2]，…のように表記して示すこともある．掲載論文および訳者解説の中に現れる研究者名については，同じく巻末に「人名リスト」としてまとめてあるので，適宜参照されたい．なお，この総説および各論文の訳者解説では，論文ごとに変化するアインシュタインの記号法は無視して，現代における標準的記号法を用いる．本文中の〔 〕内は訳者による補足注である．

§1　初期の試行錯誤と等価原理

　アインシュタイン（Albert Einstein）は，奇跡の年と呼ば

れる 1905 年に，20 世紀における物理学の新たな発展の基礎となった 5 つの論文を *Annalen der Physik* 誌に発表している[1][2][3][4][5]．これらの論文は，電気力学，熱力学，放射の量子論，ブラウン運動の理論と多岐にわたるが，その中で「運動物体の電気力学」[4]という簡素なタイトルの論文が特殊相対性理論を提唱した論文である．この論文で，アインシュタインは，多くの実験的証拠に支えられた電磁気学の法則，特に観測者の計った局所的な真空中の光速が観測者の運動状態によらず一定となること（光速不変性）を認めると，慣性座標系の間の座標変換が，ニュートン力学が基礎を置くガリレイ変換ではなく，ローレンツ変換で与えられることを示した．その結果，粒子系に対するニュートン力学は修正を受けることとなった．すなわち，力学の修正により，力学と電磁気学の統合理論である整合的な電気力学の理論を実現したのである．

　もちろん，特殊相対性理論は，単なる力学と電磁気学の統合理論ではなく，自然法則の時空的記述についての一般的枠組みを与えようとしたものである．しかし，アインシュタインは，提案して間もない段階ですでに，この理論が重力を記述できないことに気づいていたようである．実際，アインシュタインは 2 年後に，彼およびローレンツ（H. Lorentz），プランク（M. Planck），ラウエ（M. von Laue）らによる特殊相対性理論の研究成果を体系的にまとめた論文「相対性原理とその帰結」[8]を発表しているが，その最後に，重力の問題

を扱った第Ⅴ部「相対性原理と重力」を加えている．この章は，アインシュタインが重力の問題について公式に触れた最初の記述であり，アインシュタインが初期に重力の問題をどのように捉えていたかを知るのによい資料なので，[掲載論文1]として本書に掲載した．

　この論文でアインシュタインは，「一様な重力場と基準系の定加速運動が等価である」とする「等価原理」仮説について初めて言及し，この仮説からいくつかの重要な帰結を導いている．その一つは，等価原理の観点から相対性原理を加速運動する基準系に拡張する必要性があるのではという問題提起である．これは，後に一般相対性原理へと発展することになる．もう一つは，重力場の粒子や電磁場への作用を慣性系から加速系への座標変換により決定できるという指摘（対応原理）で，このアイデアに基づいて，局所時間と同期時間の違い，重力赤方偏移およびその太陽光の線スペクトルによる検証の可能性，重力場中では大域的な同期時間に基づく光速が場所に依存すること，その結果，光線が重力場により曲げられることなどを初めて予言している．また，エネルギーと慣性質量の関係が重力質量に対しても成り立つことを指摘している．もちろん，これらの議論は，ほぼ一様で弱い重力場についての近似的議論で，理論と言えるレベルには達していない．

　なお，この論文では，なぜアインシュタインが等価原理に着目したかという背景は述べられていない．ただ，プラン

クが 1907 年 6 月 13 日に行った，特殊相対性理論に基づく熱電磁放射に関する学会講演[7]で，運動する空洞に閉じ込められた熱電磁放射の持つエネルギーと慣性質量の関係を議論し，その際，慣性質量と重力質量の等価性がこの系でも成り立つかという問題提起をしている．アインシュタインの 1907 年の論文[8]は 12 月 4 日に投稿されているので，プランクのこの講演が着想に影響した可能性はある．

それ以降しばらく，アインシュタインは，量子論の問題に集中し，重力に関する論文は書いていない．1909 年 10 月にはチューリッヒ大学理論物理学員外教授に就任し，熱電磁放射が波動性と量子性をともに備えていることを指摘した歴史的な就任講演「輻射の本質と構成とについての我々の見解の発展」を行っている．しかし，1911 年 3 月にプラハ大学理論物理学教授に就任した頃から重力の問題に戻ったようで，1911 年 6 月には「光の伝搬に対する重力の影響」と題する論文を発表している[11]．

この論文は，上で触れた 1907 年の論文[8]で指摘した重力場の光の伝搬への影響を詳しく議論したものである．顕著な特徴は，等価原理を重力理論を構築するうえでの基礎原理，ないし基本仮説とすることを明確に述べている点である．この論文で取り扱われている具体的な問題は 1907 年の論文[8]とほぼ同じで，一様に近い弱い重力場を対象とした近似的議論となっているが，論理がより明確になっている．また，太陽光スペクトル線の赤方偏移および太陽重力による恒星から

の光の偏向について，具体的な評価を与えている．ただし，後者の予言値は正しい値の 1/2 となっている．

さらに，1912 年には，「光の速度と重力場の静力学」という論文[12]を発表し，等価原理に基づいて静的重力場中での粒子の運動方程式を導き，重力場中では大域的な同期時間で計った光速の値が位置に依存し，この場所の関数としての光速が重力ポテンシャルの役割を果たすことを結論している．さらに，この議論に基づいて，ニュートン理論における重力方程式であるポアソン方程式に対応する，光速に対する偏微分方程式を導出している．この運動方程式の議論は 1907 年の論文[8]では扱われておらず，また光速を重力ポテンシャルとするアプローチは，初期の段階でアインシュタインがスカラー型重力理論に傾斜していたことを示すものとして興味深いので，[掲載論文 2]として本書にその翻訳を収録した．

この論文と同じ巻において，アインシュタインは，重力の作用についての考察をマクスウェル方程式に拡大し，同時に光速に対する重力方程式を，重力場のエネルギーを源として含む形に修正している[13]．

§2　一般共変性と計量仮説

このように，1912 年までのアインシュタインによる重力理論の研究は，等価原理と特殊相対性理論のみを頼りに，来たるべき理論がどのような新たな現象を予言するかを議論し

た発見的な試行錯誤にとどまっていた．特に，ニュートン理論における重力ポテンシャルの対応物として，同期化された座標系で計った光速（の2乗）を採用する，スカラー型重力理論の方向に傾いていた．

しかし，1913年に入って，一挙に流れが変わり，6月頃アインシュタインは突如，時空計量を重力ポテンシャルとして採用し，微分幾何学を定式化の基礎とする重力理論の概要を，親友の数学者マルセル・グロスマン（M. Grossmann）との共著論文「一般化された相対性理論と重力理論の草案」[17]として発表した．この論文は2部構成で，第I部ではアインシュタインが物理的定式化を，第II部ではグロスマンが定式化の数学的基礎となる微分幾何学のまとめを担当している．

本書では紙数の関係で，物理パートのみを[掲載論文3]，それに対する補遺を[掲載論文4]として掲載する．この物理パートでは，それまでの論文において重力理論構築の足場としていた「等価性仮説」を基本原理とすることを明確に表明した上で，理論が任意の座標変換に対して不変であるという「一般共変性」を基本原理に加えることを提案し，それに基づいて，時空計量が重力ポテンシャルの役割を果たすとする「計量仮説」を導入している．さらに，この一般共変性と計量仮説を実現する数学的手段として，微分幾何学に基づく理論記述を採用し，粒子系および電磁場に対する重力の作用を記述する完全な定式化を与えている．一方で，一般共変的

な重力場の方程式を与えることには失敗し，重力場の方程式については一般共変性を諦め，線形変換という限られた変換に対して共変的な方程式を立てることを試みている．この論文で提示された理論は，アインシュタイン–グロスマン理論，ないしEntwurf（草案）理論と呼ばれる．

　ここで非常に不思議なのは，スカラー型理論へ傾斜していたアインシュタインが，なぜテンソル型理論へ舵を切ったかという点である．Entwurf論文に対する訳者解説でも触れるように，鍵を握るのは，変分原理による定式化だと思われる．この運動法則の変分原理による定式化を相対性理論に持ち込んだのは，プランクである．実は，1905年の論文ではアインシュタインは特殊相対性理論における運動方程式の一般形およびそのローレンツ不変性を示していなかった．この課題を解決したのが，プランクである．彼は1907年の論文[7]において，電気力学での荷電粒子に対する運動方程式の一般形を与え，さらに自由粒子に対する作用積分を導いている．この変分原理による定式化が理論の共変性を確認する非常に強力な手段を与えていることに気づいたことが，テンソル型理論への移行を促したと思われる．

　アインシュタインは1913年から1914年にかけて多くの学会でこの理論について講演し[19][21][22][27][28]，またそれを解説する論文や批判に対する反論を活発に書いている[23][24][26]．これらの中で，学会講演「重力の問題の現状について」[21]は，講演後の質疑の記録も含まれており，当

時の重力理論の状況や，相対性理論に対してアインシュタインおよび当時の最先端の他の研究者がどのような見方をしていたかを知ることのできる貴重な資料なので，［掲載論文5］として本書にその翻訳を掲載した．

§3　重力場の方程式に至る道

このようなアインシュタインの広報活動の中で，Entwurf理論に対して様々な批判を受けたようである．特に，重力の物質への作用を記述する部分が完全に一般共変的なのに対し，物質が重力場を決定する重力場の方程式がたかだか線形変換に対する共変性しかもたず，理論が論理的な統一感をもたないこと，また，重力場の方程式を一意的に決定する論理を持ち合わせていないことの2点は，アインシュタイン自身，理論の重大な欠陥と考えていたようである．

1915年中頃までこの問題について大きな進展はなかったが，その年の夏にゲッティンゲンを1週間ほど訪れ，ヒルベルト（D. Hilbert）と会ってから状況が大きく変わったようである[50]．具体的にどのような議論がなされたか不明であるが，それ以降，アインシュタインはヒルベルトと頻繁に連絡を取りながら，正しい重力場方程式を見出すことに全精力を傾けたようである．焦点は，いったん放棄した重力場方程式の一般共変性を復活させることにあった．

その成果は，1915年11月4日から始まった毎週月曜日

のベルリン科学アカデミーの定期集会において発表された.
まず，1915 年 11 月 4 日に発表した論文「一般相対性理論
について」[30]において，任意のユニモジュラー変換(ヤコビ
行列式が 1 となる変換)に対して共変的な方程式を提案し
た．これは，計量のみから作られる 2 階テンソルであるリ
ッチテンソルが，ユニモジュラー変換に対しては互いに独立
に変換する 2 つの既約成分の和に分解されることに着目し
たもので，その成分の一つとエネルギー運動量テンソルを等
置したものを重力場の方程式としている．本論文は[掲載論
文 6]として本書に収録した．

　なぜこのような複雑な手続きを採用したのか不明だが，そ
の 1 週間後には，この論文に対する「補遺」を発表し，重
力場の方程式を，単にリッチテンソルそのものをエネルギ
ー運動量テンソルと等置した方程式に変更することを提案
している[31]([掲載論文 7]として本書に収録)．この方程式
は最終的な理論のものと異なっていることから予想される
ように，実は物質に対するエネルギー運動量の局所保存則
$\nabla_\alpha T^\alpha_\mu = 0$ と整合的でない．微分幾何学の観点からは，こ
れは縮約ビアンキ恒等式よりリッチテンソルの共変的な発
散がゼロとならないことに起因するが，アインシュタイン
は全エネルギー保存則の具体的な導出の計算を通して，そ
のことを認識していたようである．そこで，この問題を回避
するため，現実の物質はより基本的な要素的場と重力場の
複合体で，要素的物質のエネルギー運動量テンソルのトレー

ス $T = T^\alpha_\alpha$ は常にゼロとなるという「大胆な」提案をしている.

しかし,そのわずか2週間後の1915年11月25日にはベルリンアカデミーの月曜集会で講演を行い,再度重力場の方程式の変更を行った(同年12月2日付の学会誌に「重力場の方程式」という標題の論文[33]として掲載.[掲載論文8]).前の論文[30][31]との違いはわずかで,重力場の方程式の右辺をエネルギー運動量テンソル $T_{\mu\nu}$ からその線形結合 $T_{\mu\nu} - T g_{\mu\nu}/2$ に置き換えただけである.しかし,この修正により,方程式は一般共変的かつ物質の局所エネルギー運動量保存則 $\nabla_\alpha T^\alpha_\mu = 0$ と整合的となり,しかも $T = 0$ なら「一般相対性理論について」[掲載論文6]で提案した方程式と一致する.また,この方程式は,現在我々がなじみのあるアインシュタイン方程式と同値であることも容易に確かめられる.ただし,この時点での方程式には宇宙項($\Lambda g_{\mu\nu}$)は含まれていない.アインシュタインが宇宙項を導入するのはさらに1年後である[39].

この結果に基づいて,アインシュタインは12月2日付の論文で,一般相対性理論の完成を宣言している.ただし,上で述べた2つの問題点のうち,重力場の方程式の一意性については,この論文で触れられていない.これは,アインシュタインが自分の理論の数学的構造を明確に把握していなかったためと思われる.

一方,1915年の夏にアインシュタインと会って以降,ヒ

ルベルトもテンソル型重力理論の研究を始めた[50]. より
正確には, 彼は, ミー (G. Mie) による電磁場一元論, 特に,
そのボルン (M. Born) による共変的定式化に触発されて[51],
重力と電磁気の統一理論の構築を目指した. アプローチは数
学的であり, 理論が一般共変性とゲージ不変性をもつこと,
(ボルンの影響を受けて) 自然法則が変分原理に基づくこと,
という2つの要請を含むいくつかの公理に基づいて統一理
論の構築を試みた. ヒルベルトは20世紀を代表する卓越し
た数学者であり, 微分幾何学にも精通していたため, ほぼ半
年で彼は目指す統一理論の定式化を完成させた. その成果
は, 1915年11月20日に, ゲッティンゲン科学アカデミー
において「物理学の基礎」というタイトルの講演で発表され
た[29]. アインシュタインが正しい重力場の方程式を発表し
たアカデミー月曜集会での講演の5日前であった.

　翌年に出版されたヒルベルトの論文を見ると, 一般座標変
換およびゲージ変換で不変な作用積分から出発して, 正しい
マクスウェル方程式と重力場の方程式の連立系が与えられて
いる. 作用積分は, 現在我々が慣れ親しんでいるものと等し
く, 重力部分と電磁気部分の和となっている. 特に, 重力部
分は, 現在アインシュタイン–ヒルベルト作用積分と呼ばれ
るスカラー曲率の4次元積分の定数倍で与えられている.

　このことから, 一般相対性理論における重力場の方程式
の第一発見者をヒルベルトとする研究者もいたようである
が, どうもそれは違うようである. 実際, 詳しい研究による

と[50]，1916年3月に出版されたヒルベルトの論文「物理学の基礎」の元となった原稿（初稿原稿）は，実際に出版された論文とは大きく異なり，確かに正しい作用積分は与えられてはいるものの，重力場の方程式は具体的に書かれておらず，しかもアインシュタインの影響を受けて，一般共変性を破る付加条件を課そうとしている．この原稿の日付は1915年12月6日となっているので，その内容は同年のゲッティンゲンでの講演内容に近かったと考えられる．したがって，ヒルベルトが自分の論文「物理学の基礎」の内容を最終的なものに修正したのは，アインシュタインの論文「重力場の方程式」が出版された1915年12月2日より後ということになる．

いずれにしても，慣性系における光速の不変性と特殊相対性，慣性質量と重力質量の等値性，エネルギー運動量保存則の普遍性などの基本的な実験・観測的事実を，一般共変性（一般相対性）および等価原理という数学的要請に昇華させ，微分幾何学という数学的手段を導入することにより一般相対性理論という理論の枠組みを作り出したのはアインシュタインであり，その寄与は他の追随を許さない．

§4　理論の検証

一般相対性理論は，幸いなことに，誕生間もない頃からすでにいくつかの決定的な実験的検証が行われ，肯定的な結果

を得ていた．その最初のものは，水星の近日点移動の問題の
解決である．水星の楕円軌道の近日点が，100 年で 574.1 秒
角というペースでゆっくりと移動することは古くから知ら
れていた．その主な原因は他の惑星の影響や春分点の歳差
運動であるが，ルヴェリエ(U. Le Verrier)はニュートン力
学を用いてこの移動速度を詳しく計算し，1859 年に，すべ
ての寄与を足しても移動速度は 100 年で 531.4 秒角にしか
ならず，約 43 秒角の説明できない残差が残ることを明らか
にした．この残差の原因は 50 年以上不明なままだったが，
アインシュタインは 1915 年 11 月 18 日版の重力理論[31]に
基づいて，一般相対性理論の近日点移動への影響を計算し，
42.98 秒角という結果を得た[32]．これは，観測誤差内で上
記の残差と一致し，一般相対性理論の最初の検証となった．
現在では，水星探査機メッセンジャーの観測などにより一般
相対性理論の予言と観測値が 10^{-4} の精度で一致すること
が確認されている[52]．なお，1915 年 11 月 18 日版の重力
場の方程式は最終的なものと異なるが，真空時空では一致
するので，近日点移動の議論には影響しない[33]．

　次に検証されたのは，光線の重力場中での偏向，現代的に
言うと重力レンズ効果である．この効果については，アイン
シュタインは，すでに 1907 年の段階から指摘し[8]，1911
年の論文[11]では，皆既日食時に太陽近傍に位置する恒星の
見かけの方位変化について定量的な予言も行っている．た
だし，これらは一般相対性理論確立以前の近似的議論に基

1919 年 5 月 29 日, ブラジルのソブラルで撮影された皆
既日食の写真. 太陽のコロナ越しにいくつか見える白い小
さな点が観測対象となった恒星の光.

づくもので, その値も正しい値の 1/2 であった. アインシ
ュタインは, この効果の存在が, 彼の理論を他の理論から
峻別する最も重要な予言であることをしばしば指摘してお
り[21][25], 論文「水星近日点移動の一般相対性理論による
説明」[32]において, 太陽による恒星からの光線の偏向角の
正しい値を算出している.

　それを受けて, イギリス王立協会は, 1919 年 5 月 29 日
の皆既日食を用いて理論の検証を行うために, ブラジルのソ
ブラルとポルトガル領アフリカプリンシーベ島に観測隊を派
遣し, 写真撮影を行った. その結果, 理論の予言値 1.75 秒

角と誤差範囲内で一致する値 1.64 秒角（精度 30％）を得た．
この成功により一般相対性理論は一挙に一般の庶民にも知ら
れるようになった．現在では，宇宙の観測可能領域の半径に
匹敵する距離にある明るい天体で，実質点光源に近いクェー
サー（準恒星状天体）の VLBI（超長基線電波干渉計）電波観
測を用いて，太陽による偏向角が相対精度 10^{-4} で理論値と
一致することが確かめられている[52]．

　アインシュタインが初期から理論の予言としてあげていた
現象として，これ以外に，重力赤方偏移がある．彼は，恒星
大気からの線スペクトルのずれの観測から理論を検証するこ
とを考えたが，ずっと大きい他の効果のためにこれは現在で
も難しい．しかし，GPS に代表される衛星測位システムは，
重力赤方偏移の原因となる重力場の時間の進みへの影響を考
慮しないと全く機能しないため，その運用を通して一般相対
性理論の正しさが高い精度で確認されている[53]．また，パ
ルサーと呼ばれる（平均的に）非常に高精度の一定周期で電磁
パルスを放出する天体を含む連星からのシグナルを解析する
ことにより，重力赤方偏移の効果と一般相対性理論の軌道運
動への効果を一挙に高精度で測定することができ，現在この
方法を用いて最高精度での一般相対性理論の検証がなされて
いる．

　以上の古典的なテストに加えて，近年では，重力波やブラ
ックホールといった強い重力に伴う一般相対性理論特有の
現象も観測で確認され，また一般相対性理論に基づく宇宙進

化の理論も精密に検証されるようになってきた. 驚くべきことに, 20 世紀末にダークエネルギーが発見され, それが正の宇宙項に起因する可能性が明らかとなったことを除いて, 1915 年に発表された理論と矛盾する現象は未だ発見されていない[54].

掲載論文1

相対性原理とその帰結

第 V 部 相対性原理と重力

訳者解説

　総説で触れたように，本論文は，1907年に発表された相対性理論に関するレビュー論文の第V部で，アインシュタインが新しい重力理論，およびそれと特殊相対性理論との関係について初めて言及した記述である．全体として概念的，定性的な議論が中心となっているが，重力赤方偏移，重力による光線の偏向，エネルギーの重力質量への寄与など，後に一般相対性理論から得られる様々な実験・観測的帰結の多くが本論文で初めて予言されている．

　具体的な内容は以下の通りである．まず，最初の§17において，等価原理について初めて明確に言及し，等価原理を基本仮説とすれば，加速系を用いて重力の作用を研究できることを指摘している．また，関連して，相対性原理を加速基準系に拡張する必要性について問題提起している．続く§18では，定加速運動をする基準系における時間の問題を検討し，そのような系では標準時計で定まる局所時間と大域的同期時間に違いが生じることを指摘している．§19では，等価原理に基づいてこの結果を静的な重力場が存在する系に翻訳することにより，重力ポテンシャルが時間の進みに影響を与えることを結論し，太陽光の線スペクトルに生じる重力赤方偏移を初めて予言している．

　最後に§20では，等価原理を用いて一様重力場中でのマクスウェル方程式を導き，静的重力場中では大域的に同期化

された時間で計った光速が重力ポテンシャルの値に依存することを指摘している．さらに，この結果とホイヘンスの原理より，重力場中では一般に光線が重力により曲げられることを世界で初めて予言している．また，電磁エネルギーに対する局所保存則の構造より，特殊相対性理論におけるエネルギーと慣性質量の関係が重力質量に対しても成り立つことを示し，等価原理と相対性原理の整合性を指摘している．

このように，既知の事実のみを組み合わせることにより，未だ存在しない理論の帰結を正しく推定している点には，アインシュタインの卓越したセンスが感じられる．しかし，その正当性を示すのは茨の道であった．彼は，8年の歳月をかけて，この難題に挑むことになる．

参考までに，本書には収録していない第 I 部から第 IV 部も含め，この「相対性原理とその帰結」論文全体の目次を掲げておく．

序文
第 I 部　運動学の部
　§1　光速不変の原理．時間の定義．相対性原理
　§2　空間と時間に関する一般的コメント
　§3　座標–時間–変換
　§4　剛体および時計に関する変換方程式よりの要請
　§5　速度の加法則

相対性原理とその帰結
第Ⅴ部　相対性原理と重力

A. アインシュタイン

A. Einstein "Über das Relativitätsprinzip und die aus
demselben gezogenen Folgerungen"
Jahrbuch der Radioaktivität und Elektronik 4, pp. 454–
462（1907）

§17　加速運動する基準系と重力場

　ここまで我々は，相対性原理，すなわち，自然法則が基準
系の運動状態に依存しないという仮定を，**加速運動していな
い基準系**にのみ適用してきた．この相対性原理が，互いに加
速運動する系に対しても成り立つということはあり得るだろ
うか？

　確かに，ここはこの疑問を詳細に扱う場ではないが，相対
性原理の適用についての私のこれまでの説明を聞いてきたす
べての人にとって，これは必ず心に湧き起こる疑問なので，
ここでこの疑問に対する私の立場を明らかにしておこう．

　2つの運動系 Σ_1, Σ_2 を考える．Σ_1 は X 軸方向に加速し
ており，その加速度の大きさは（時間的に一定で）γ である
とする．Σ_2 は静止しているが，一様な重力場中に置かれて

いて，すべての物体は加速度 $-\gamma$ で X 軸方向に加速される
とする．

　我々の知る限り，Σ_1 から見た物理法則と Σ_2 から見た物
理法則に違いはない．ここで重要となるのが，重力場中では
すべての物体が同じ加速を受けることである．それゆえ，現
在の我々の経験的知識に基づくと，Σ_1 と Σ_2 が何らかの点
で違っていると仮定する理由はない．そこで，我々は，以下
では，重力場と対応する基準系の加速が物理的に完全に同等
であると仮定することにする[†1]．

　この仮定は，相対性原理を一定加速度で並進運動する基準
系の場合に拡張する．この仮定の発見的価値は，一様重力場
を，ある程度まで理論的取り扱いが可能な，定加速運動する
基準系で置き換えることを許す点にある．

§18　定加速運動する基準系における空間と時間

　我々はまず，1 個の物体を考え，それを構成する各質点
が，加速運動していない基準系 S に対して指定された時刻
t に静止し，かつある加速度をもつとする．この加速度 γ が
S から見た物体の形状にどのような影響を及ぼすだろうか？

　そのような影響が実在する場合には，物体は加速方向に一
定の比率で膨張し，場合によっては，それに垂直な 2 方向
に対しても類似のことが起きるだろう．なぜなら，対称性の
ために，それと異なった影響は排除されるので．そのような

加速度由来の膨張は(そもそもそのような影響があるとして)
γ の偶関数でないといけない. したがって, γ が非常に小さ
く, 2次以上の項が無視できる場合に限定すれば, そのよう
な膨張は無視することができる. 我々は以降, そのような場
合に限定するので, 物体の形状への加速の影響を想定する必
要はない.

　次に, 非加速基準系 S に対し, その X 軸方向に定加速運
動する基準系 Σ を考える. Σ の時計と物差しは, 静止状態
で比較して, S の時計と物差しと等価であるとする. Σ の
座標原点は, S の X 軸上を動き, Σ の座標軸は S の座標軸
に常に平行であるとする. このとき, 各瞬間において, 非加
速基準系 S' が存在して, 座標軸がその瞬間(S' のある定ま
った時刻 t' に対応)に Σ の座標軸と一致するとする. この
時刻 t' に起きる点事象の Σ に関する座標を ξ, η, ζ とする
と, 上で述べたように, ξ, η, ζ の測定に使われている計測
器具への加速の影響は考えなくてよいので,

$$\left.\begin{array}{l} x' = \xi \\ y' = \eta \\ z' = \zeta \end{array}\right\}$$

となる. さらに, Σ の時計は, S' の時刻 t' における時刻が
t' となるよう調整するものとする. このとき, 次の微小時
間 τ の間での時計の進みはどうなるであろうか?

　まず, Σ の**加速**の時計の進みへの特別な影響は, それが

γ^2 のオーダーでなくてはいけないので，問題とならない．さらに，τ の間での速度変化が時計の進みに与える影響は無視でき，同様に，時間 τ の間に時計が S' に対して進む距離は τ^2 のオーダーであり，したがって，無視できる．これより，微小時間 τ の計測において，S' の時計の読みの代わりに Σ の時計の読みを全く同じように使うことができる．

上で述べたことより，同時性を Σ に対して一瞬だけ静止する系 S' により定義し，非加速系 S' において時間と空間の計測に用いたのと同等の時計と物差しを用いて Σ での時間と長さの測定をすることにすると，真空中で光は微小時間 τ の間に Σ に対して普遍的な速度 c で伝搬することになる．したがって，ごく微小な光路に限れば，今の状況でも，光速不変性を同時性を定義するために用いることができる．

次に，S の時刻 $t=0$ において Σ が S に対して瞬時静止するとして，その瞬間に上で述べた方法で調整された Σ の時計を考える．このように調整された Σ の時計の読みのことを「局所時」と呼び，σ で表す．局所時 σ の意味は，すぐ分かるように，次のようなものである．Σ の各微小空間要素において起きる事象を記述する際の時間としてその局所時 σ を用いることにすると，異なる空間要素において同等の時計と同等の物差しを用いる場合には，この事象が従う法則が当該空間要素の位置，すなわちその座標に依存しないようにできる．

これに対して，Σ の異なる 2 点で起きる点事象は，それ

らの局所時 σ が一致しても，上で述べた定義の意味で同時
ではないので，局所時 σ を正真正銘の Σ の「時間」と呼ぶ
ことはできない．なぜなら，まず，勝手な2つの Σ の時計
は時刻 $t=0$ において S に対して同期しており，その後同
じ運動に従うので，それらはその後も S に対して同期した
状態を維持する．このことより，§4〔剛体および時計に関す
る変換方程式よりの要請；本書未収録〕によると，これらの
時計の進みは，ある瞬間 Σ に対して静止し，S に対して運
動している系 S' から見ると同期していない．したがって，
我々の定義に従えば，Σ に対しても同期していない．

　つぎに，我々は，系 Σ の「時間」τ を Σ の座標原点に置
かれた時計の読みにより定義し，対応する各事象の時刻は，
上で述べた意味での同時性によりこの時間の読みから定め
る[*1]．

　さて，時間 τ と点事象の局所時 σ の間に存在する関係を
探そう．(1)の第1式[†2] より，次の関係式が成り立つとき，
2つの事象は S' に対して，したがって Σ に関して同時とな
る：

$$t_1 - \frac{v}{c^2}x_1 = t_2 - \frac{v}{c^2}x_2.$$

ここで，添え字は2つの点事象のいずれについての値かを
示しているものとする．まず最初に，我々は，τ ないし v に
ついて2次以上のすべての項が無視できるような短い時間
に限定して考えることにする[*2]．すると，(1)式と上記の Σ

と S' の空間座標の $t'=0$ における関係式[†3] を考慮して,

$$x_2 - x_1 = x'_2 - x'_1 = \xi_2 - \xi_1,$$
$$t_1 = \sigma_1, \quad t_2 = \sigma_2,$$
$$v = \gamma t = \gamma \tau$$

と置かねばならない. したがって, 上の方程式より

$$\sigma_2 - \sigma_1 = \frac{\gamma\tau}{c^2}(\xi_2 - \xi_1)$$

を得る. 第1の点事象が座標原点で起き, $\sigma_1 = \tau$ および $\xi_1 = 0$ が成り立つことを要求すると, 第2の点事象を区別する添え字を省略して,

$$\sigma = \tau\left(1 + \frac{\gamma\xi}{c^2}\right) \tag{30}$$

を得る.

この方程式は, まず, τ と ξ がある限界以下のときに成り立つ. 明らかに, Σ の加速度 γ が一定の場合には, σ と τ は比例しないといけないので, この方程式は τ の任意の値に対して成り立つ. 方程式 (30) は, ξ の任意の値に対して成り立つわけではない. 座標原点の選び方が上記の関係式に影響してはいけないことより, 方程式 (30) は厳密には方程式

$$\sigma = \tau e^{\frac{\gamma\xi}{c^2}}$$

で置き換えられるべきだと推測される. 我々は, しかし, 公式 (30) をそのまま使うことにする.

§17 によれば，方程式(30)は，一様な重力場が作用する座標系に対しても適用される．この場合，Φ が重力ポテンシャルを表すとして，$\Phi = \gamma\xi$ となるので，

$$\sigma = \tau\left(1 + \frac{\Phi}{c^2}\right) \qquad (30a)$$

を得る．

我々は Σ に対し，2種類の時間を定義した．様々な状況において，2つの定義をどのように使い分ければよいのだろうか？ ある同等な物理系を異なる重力ポテンシャル $(\gamma\xi)$ をもつ2つの異なる場所に置き，その物理量の値を比較するとする．このために，我々は次のような最も自然な方法を用いる．まず最初に，第1の物理系のところに我々の測定装置を持って行き，そこで測定を行う．次に，同じ測定を行うために第2の物理系のところに我々の測定装置を持って行く．両者の測定の結果が一致すれば，我々は2つの物理系は「同等である」という．我々が局所時 σ を計測する時計も，ここでいう測定装置の中に含まれることになる．これより，重力場中のある場所で物理量を定義するには，時間 σ を用いるのが自然であるという結論が得られる．

しかし，重力ポテンシャルが異なる場所にある物体を同時に考慮しなければならないような現象では問題が生じる．この場合，局所時を用いると事象の同時性が2つの事象の時刻では表されなくなるので，（物理量を定義する際だけでなく）時間が陽に現れる項において，時間 τ を用いなければな

らない. 時間 τ の定義では, 時間の原点は勝手に選べない
が, 任意に選ばれた場所の時計を用いることができるので,
時間 τ を用いると, 自然法則が時間には依存しないが, 場
所により変化することがあり得る.

§19　重力場の時計への影響

　重力ポテンシャルが Φ の点 P に局所時を計る時計が置かれ
ていて, (30a) 式に従って, その読みは時間 τ の $\left(1+\dfrac{\Phi}{c^2}\right)$
倍となっている, すなわち座標原点に置かれた同じ作りの時
計より $\left(1+\dfrac{\Phi}{c^2}\right)$ 倍速く進むとする. 空間のある場所にい
る観測者が, これら 2 つの時計の読みの情報を何らかの方
法, 例えば光学的手段で得るとする. このとき, 各時計の読
みに対応する時点とその読みの情報を観測者が得た時点の間
の時間差 $\Delta\tau$ は τ に依存しないので, 空間の任意の場所に
いる観測者にとって, P に置かれた時計は, 座標原点に置
かれた時計より $\left(1+\dfrac{\Phi}{c^2}\right)$ 倍速く進むことになる. この意
味で, 我々は, 時計の中で起きる過程——そして一般の任意
の物理過程——が, その場所での重力ポテンシャルの値が大
きくなればなるほど速く進行すると言うことができる.

　さて, 異なった重力ポテンシャルの場所に置かれ, その進
みが非常に精密に制御され得る「時計たち」がある. スペク

トル線の光源がそれに当たる．上で述べたことより，そのような光源に由来する太陽表面からの光は，地上で同じ物質から放出された光より，約100万分の2倍だけ長い波長をもつと結論される[*3],[†4].

§20　電磁過程への重力の影響

ある時点での電磁過程を，その瞬間，上述のような加速基準系 Σ に対して静止する非加速基準系 S' により記述すると，(5)式と(6)式より[†5]，方程式

$$\frac{1}{c}\left(\rho' u_x' + \frac{\partial X'}{\partial t'}\right) = \frac{\partial N'}{\partial y'} - \frac{\partial M'}{\partial z'}, \cdots$$

および

$$\frac{1}{c}\frac{\partial L'}{\partial t'} = \frac{\partial Y'}{\partial z'} - \frac{\partial Z'}{\partial y'}, \cdots$$

が成り立つ．上に述べたことによると，系 S' と Σ が相対的に静止する時刻に限りなく近い，無限小の時間に限れば[*4]，S' に関する量 ρ', u', X', L', x', $\cdots$ と対応する Σ に関する量 ρ, u, X, L, ξ, $\cdots$ をそのまま同一視することができる．さらに，我々は，t' を局所時 σ で置き換えなければならない．この際，単純に

$$\frac{\partial}{\partial t'} = \frac{\partial}{\partial \sigma}$$

と置くことはできない．それは，変換により得られる Σ 上

の方程式系での空間点にあたる，Σ に対し静止した点は，微小時間要素 $dt' = d\sigma$ の間に S' に対する速度を変えるためである．この速度の変化は，方程式(7a)と(7b)によれば[6]，Σ に関する場の成分の時間変化を生み出す．これより，次のように置かないといけない：

$$\frac{\partial X'}{\partial t'} = \frac{\partial X}{\partial \sigma}, \qquad \frac{\partial L'}{\partial t'} = \frac{\partial L}{\partial \sigma},$$

$$\frac{\partial Y'}{\partial t'} = \frac{\partial Y}{\partial \sigma} + \frac{\gamma}{c} N, \qquad \frac{\partial M'}{\partial t'} = \frac{\partial M}{\partial \sigma} - \frac{\gamma}{c} Z,$$

$$\frac{\partial Z'}{\partial t'} = \frac{\partial Z}{\partial \sigma} - \frac{\gamma}{c} M, \qquad \frac{\partial N'}{\partial t'} = \frac{\partial N}{\partial \sigma} + \frac{\gamma}{c} Y.$$

したがって，まず Σ に関する電磁場の方程式は

$$\frac{1}{c}\left(\rho u_\xi + \frac{\partial X}{\partial \sigma}\right) = \frac{\partial N}{\partial \eta} - \frac{\partial M}{\partial \zeta},$$

$$\frac{1}{c}\left(\rho u_\eta + \frac{\partial Y}{\partial \sigma} + \frac{\gamma}{c} N\right) = \frac{\partial L}{\partial \zeta} - \frac{\partial N}{\partial \xi},$$

$$\frac{1}{c}\left(\rho u_\zeta + \frac{\partial Z}{\partial \sigma} - \frac{\gamma}{c} M\right) = \frac{\partial M}{\partial \xi} - \frac{\partial L}{\partial \eta},$$

$$\frac{1}{c}\frac{\partial L}{\partial \sigma} = \frac{\partial Y}{\partial \zeta} - \frac{\partial Z}{\partial \eta},$$

$$\frac{1}{c}\left(\frac{\partial M}{\partial \sigma} - \frac{\gamma}{c} Z\right) = \frac{\partial Z}{\partial \xi} - \frac{\partial X}{\partial \zeta},$$

$$\frac{1}{c}\left(\frac{\partial N}{\partial \sigma} + \frac{\gamma}{c} Y\right) = \frac{\partial X}{\partial \eta} - \frac{\partial Y}{\partial \xi},$$

となる[7]．この方程式系に $\left(1 + \dfrac{\gamma\xi}{c^2}\right)$ を掛け，次のように

略記する：

$$X^* = X\left(1 + \frac{\gamma\xi}{c^2}\right), \quad Y^* = Y\left(1 + \frac{\gamma\xi}{c^2}\right), \quad \cdots,$$

$$\rho^* = \rho\left(1 + \frac{\gamma\xi}{c^2}\right).$$

すると，γ について 2 次の項を無視することにより，次の方程式を得る：

$$\left.\begin{array}{l}
\dfrac{1}{c}\left(\rho^* u_\xi + \dfrac{\partial X^*}{\partial \sigma}\right) = \dfrac{\partial N^*}{\partial \eta} - \dfrac{\partial M^*}{\partial \zeta}, \\[2mm]
\dfrac{1}{c}\left(\rho^* u_\eta + \dfrac{\partial Y^*}{\partial \sigma}\right) = \dfrac{\partial L^*}{\partial \zeta} - \dfrac{\partial N^*}{\partial \xi}, \\[2mm]
\dfrac{1}{c}\left(\rho^* u_\zeta + \dfrac{\partial Z^*}{\partial \sigma}\right) = \dfrac{\partial M^*}{\partial \xi} - \dfrac{\partial L^*}{\partial \eta},
\end{array}\right\} \quad (31\mathrm{a})$$

$$\left.\begin{array}{l}
\dfrac{1}{c}\dfrac{\partial L^*}{\partial \sigma} = \dfrac{\partial Y^*}{\partial \zeta} - \dfrac{\partial Z^*}{\partial \eta}, \\[2mm]
\dfrac{1}{c}\dfrac{\partial M^*}{\partial \sigma} = \dfrac{\partial Z^*}{\partial \xi} - \dfrac{\partial X^*}{\partial \zeta}, \\[2mm]
\dfrac{1}{c}\dfrac{\partial N^*}{\partial \sigma} = \dfrac{\partial X^*}{\partial \eta} - \dfrac{\partial Y^*}{\partial \xi}.
\end{array}\right\} \quad (32\mathrm{a})$$

これらの方程式より，重力場が静的で定常な現象にどのように影響するかが分かる．成り立つ法則の構造は重力のない場の場合と同じで，単に場の成分 $X, \cdots$ が $X\left(1 + \dfrac{\gamma\xi}{c^2}\right), \cdots$ で，ρ が $\rho\left(1 + \dfrac{\gamma\xi}{c^2}\right)$ で置き換わるだけである．

さらに非定常な状況でどのようになるかを見通すために，

時間微分および電流の速度の定義においても時間 τ を用いる．すなわち，(30)式に従って，

$$\frac{\partial}{\partial \tau} = \left(1 + \frac{\gamma\xi}{c^2}\right)\frac{\partial}{\partial \sigma}$$

および

$$w_\xi = \left(1 + \frac{\gamma\xi}{c^2}\right)u_\xi$$

と置く[†8]．すると，

$$\frac{1}{c\left(1 + \dfrac{\gamma\xi}{c^2}\right)}\left(\rho^* w_\xi + \frac{\partial X^*}{\partial \tau}\right) = \frac{\partial N^*}{\partial \eta} - \frac{\partial M^*}{\partial \zeta}, \; \cdots$$

$$(31\text{b})$$

および

$$\frac{1}{c\left(1 + \dfrac{\gamma\xi}{c^2}\right)}\frac{\partial L^*}{\partial \tau} = \frac{\partial Y^*}{\partial \zeta} - \frac{\partial Z^*}{\partial \eta}, \; \cdots \quad (32\text{b})$$

を得る[†9]．

これらの方程式系も加速ないし重力のない空間における対応する方程式系と同じ形をしている．ただし，今の場合，c の代わりに

$$c\left(1 + \frac{\gamma\xi}{c^2}\right) = c\left(1 + \frac{\Phi}{c^2}\right)$$

が登場する．これより，ξ 軸と異なる方向に進む光線は重力場により曲げられることが導かれる．容易に分かるよう

に，方向の変化は，重力の方向と光線がなす角を φ として，1 cm 進むごとに $\dfrac{\gamma}{c^2}\sin\varphi$ となる[10].

　これらの方程式と，静止した物体での光学においてよく知られている各点での場の強度と電流の関係を用いると，重力場中で静止した物体における光学現象への重力の影響を見出すことができる．この際，静止物体の光学における各方程式は，局所時 σ に関して成り立つことを考慮する必要がある．ただ残念なことに，我々の理論によると（$\gamma x/c^2$ が小さいため）地上の重力場の影響は非常に小さく，理論の結果を実験・観測と比較できる見込みはない．

　方程式(31a)と(32a)の両辺に，順に，$\dfrac{X^*}{4\pi},\ \dots,\ \dfrac{N^*}{4\pi}$ を掛け無限の全空間で積分すると，以前の記法のもとで，

$$\int\left(1+\frac{\gamma\xi}{c^2}\right)^2\frac{\rho}{4\pi}(u_\xi X+u_\eta Y+u_\zeta Z)d\omega$$
$$+\int\left(1+\frac{\gamma\xi}{c^2}\right)^2\cdot\frac{1}{8\pi}\frac{\partial}{\partial\sigma}(X^2+Y^2+\dots+N^2)d\omega$$
$$=0$$

を得る[11].

　$\dfrac{\rho}{4\pi}(u_\xi X+u_\eta Y+u_\zeta Z)$[12] は，単位体積かつ局所時間 σ で計って単位時間あたりに物質に供給されるエネルギー η_σ である．ただし，この際，エネルギーは該当する位置にある測定器を用いて計るものとする．したがって，(30)式より，$\eta_\tau=\eta_\sigma\left(1+\dfrac{\gamma\xi}{c^2}\right)$ は[13]，単位体積あたりかつ時間 τ に関

して単位時間あたりに物質に供給されるエネルギーとなる（上記と同様に計測するとする）．$\frac{1}{8\pi}(X^2+Y^2+\cdots+N^2)$ は，上記と同様に計測された単位体積あたりの電磁エネルギー ϵ である．さらに，(30)式によると $\frac{\partial}{\partial\sigma}=\left(1-\frac{\gamma\xi}{c^2}\right)\frac{\partial}{\partial\tau}$ となることを考慮すると，

$$\int\left(1+\frac{\gamma\xi}{c^2}\right)\eta_\tau\,d\omega+\frac{d}{d\tau}\left\{\int\left(1+\frac{\gamma\xi}{c^2}\right)\epsilon\,d\omega\right\}=0$$

を得る．

この方程式はエネルギー保存の原理を表すが，非常に注目すべき結果を含んでいる．エネルギー積分において，エネルギー量ならびにエネルギー流入量は，各微小時空領域で計られたそれぞれの局所値 $E=\epsilon d\omega$ および $E=\eta d\omega d\tau$ に加えて，**位置に依存する余分な寄与** $\frac{E}{c^2}\gamma\xi=\frac{E}{c^2}\varPhi$ を含んでいる．したがって，重力場中では，すべてのエネルギー E は，大きさ $\frac{E}{c^2}$ の「重力」質量に対する位置エネルギーと同じ大きさの位置エネルギーをもつことになる．

したがって，§11〔質量のエネルギーへの依存性について；本書未収録〕で導いた，エネルギー量 E が大きさ $\frac{E}{c^2}$ の質量をもつという法則は，§17で導入した仮定が成り立てば，慣性質量に対してだけでなく，**重力質量に対しても成り立つ**ことになる．

（1907 年 12 月 4 日受理）

原　注

*1　したがって，ここでは，記号「τ」は，上で用いたのとは違う意味で使われている．

*2　これに伴って(1)式より生じる $\xi = x'$ の値への制限も成り立つとする．

*3　その際に，方程式(30a)は一様でない重力場に対しても成り立つと仮定している．

*4　導かれる法則は，事柄の性格からして，時間には依存しないので，この制限は我々の結果が適用できる範囲に影響するものではない．

訳　注

†1　これは，アインシュタインによる等価原理の初めての定式化である．

†2　(1)式とは次の特殊ローレンツ変換の式を指す：

$$t' = \beta \left(t - \frac{v}{c^2} x \right), \quad x' = \beta(x - vt), \quad y' = y, \quad z' = z.$$

ただし，$\beta = \sqrt{1 - v^2/c^2}$ である．

†3　この箇所は原論文では「(1)と(29)を考慮して」となっていたが，(29)の引用は明らかに勘違いで，正しくは訳文の示す番号のない式を指していると考えられる．

†4　これは，アインシュタインが初めて重力赤方偏移について予言した文章である．

†5　これらは真空中のマクスウェル方程式の $\partial \boldsymbol{E}/\partial t$ および $\partial \boldsymbol{B}/\partial t$ に対応する式を指す．記号は，(X, Y, Z) が電場 $\boldsymbol{E}$ を，(L, M, N) が磁場 $\boldsymbol{H}$ ないし磁束密度 $\boldsymbol{B}$ を表す．また，ρ が電荷密度の 4π 倍，(u_x, u_y, u_z) が荷電流の速度である．

†6　これらの方程式は電磁場の成分に対する特殊ローレンツ変換の公式を表し，次式で与えられている：

$$X' = X, \ Y' = \beta\left(Y - \frac{v}{c}N\right), \ Z' = \beta\left(Z + \frac{v}{c}M\right) \quad (7\text{a})$$

$$L' = L, \ M' = \beta\left(M + \frac{v}{c}Z\right), \ N' = \beta\left(N - \frac{v}{c}Y\right) \quad (7\text{b})$$

†7 タイポ(表記ミス)を修正：第3式において，$u_\xi \to u_\zeta$.

†8 タイポを修正：第1式の右辺において，$\tau \to \sigma$. 第2式において，右辺に u_ξ を追加.

†9 タイポを修正：(32b)式の右辺において $= \to -$.

†10 これは，アインシュタインが重力による光の偏向について初めて論じた文章である.

†11 タイポを修正：X の係数で $u \to u_\xi$, Z の係数で $u \to u_\zeta$.

†12 上記 †11 と同じタイポの修正を行った.

†13 タイポを修正：$\eta^\sigma \to \eta_\sigma$, 括弧の中で，$- \to +$.

掲載論文2

光の速度と重力場の静力学

訳者解説

1907年の論文[8][掲載論文1]において発表した，等価原理を基礎として新たな重力理論を模索するというプログラムの成果として，1911年から1912年にかけて，アインシュタインは3本の論文を発表している[11][12][13]．本論文はそれらの中で2番目のもので，1907年の論文では触れられていなかった静的重力場中での粒子の運動方程式の問題を扱い，さらに光速を重力ポテンシャルとするスカラー型重力理論を導いている．

具体的には，まず，§1では，定加速度系において各時刻における瞬間静止慣性系を用いて大域的に同期化された時間を定義することにより，瞬間静止系の間のローレンツ変換と等価原理を用いて，弱い静的一様重力場中での同期化された時間に関する光速 c を具体的に求めている．次の§2では，同様の方法で静的一様重力場中での質点の運動方程式を求め，光速 c が重力ポテンシャルの役割を果たすことを見出している．この結果を受けて，ニュートン理論におけるポアソン方程式に対応する，重力ポテンシャル c に対する重力場の方程式を提案している．さらに，以上の結果から一般の静的重力場中での粒子の運動方程式を推定し，それが重力場中での自由粒子に対するエネルギー保存則を与えることを示している．

続く§3では，一般的考察から，力とエネルギーの「重力

ポテンシャル」cへの依存性（比例関係）を決定している．最後に，§4では，光速が定数でない場合でもローレンツ変換が局所的に成り立つというアブラハム（M. Abraham）の主張が数学的に整合的でないことを指摘し，同時に，重力場中で光速が定数でないことは，法則を不変にする時空座標の変換群が大きい可能性を示唆すると指摘している．

光の速度と重力場の静力学

A. アインシュタイン

A. Einstein "Lichtgeschwindigkeit und Statik des Gra-
vitationsfeldes"
Annalen der Physik 38, pp. 355-369 (1912)

　昨年出版された論文の一つにおいて[*1]，重力場と座標系の
加速状態が物理的に同等であるという仮説より，相対性理論
（等速運動に関する相対性理論）の結果と大変よくマッチした
いくつかの結論を引き出した．しかし，同時に，相対性理論
の基本原理の一つである光速不変性はもはや，重力ポテンシ
ャルが一定となる時空領域に対してのみ要求可能であること
が明らかとなった．この結果はローレンツ変換の普遍的な
適用可能性を排除するが，我々が選択した道をさらに突き進
むことをひるませるものではない．少なくとも，私の意見で
は，「加速度場」が重力場の特殊な場合であるという仮説は，
特に，上で述べた論文ですでに示された，エネルギー包含量
に伴う重力質量に関する結果を考慮すると，大きな可能性を
秘めており，この等価原理からの帰結をさらに厳密に追求す
ることが推奨されるように思われる．

　その後，アブラハムは，上で述べた私の論文で示された結
果を特殊な場合として含む重力理論を打ち立てた[*2]．しか
し，我々は以下で，アブラハムの方程式系は等価原理と相容

れないこと，さらに彼の時間と空間についての見解は，純粋
に数学的定式化の観点からも全く受け入れられないことを見
る．

§1 加速度場における空間と時間

基準系 K (座標 x, y, z)が，その x 軸方向に一定の加速度
で加速運動しているとする．この加速度はボルン〔M. Born〕
の意味で一定であるとする．すなわち，K との相対速度が
ゼロないし無限小の非加速系を基準にして計った，K の原
点の加速度が一定値をとるとする．等価原理によると，その
ような系 K は，重力源となる質量を伴わない，ある定まっ
た性質の静的な重力場*3 が存在する静止系と厳密に同等と
なる．K における空間的計測は，K の同じ位置に並べて静
止した状態で比較したとき，同じ長さをもつ物差しを用いて
行われる．このようにして計られた長さに対して，したがっ
て，座標 x, y, z と他の長さとの関係に対しても幾何学の諸
定理が成り立つものとする．この設定が許されることは自明
なことでなく，最終的に正しくないことが判明する可能性の
ある物理的な仮定を含んでいる．例えば，一様回転系では，
ローレンツ収縮のため，我々の長さの定義を適用すると，円
周の長さと直径の比が π と異なることになるので，これら
の仮定はこの系に対してほぼ確実に成立しない．物差しは，
座標軸と同様に，剛体と考える．相対性理論では剛体は現実

には存在できないにもかかわらず，このことは許される．な
ぜなら，剛体物差しを，それぞれが個別に支えられ，互いに
圧力を及ぼさないように接して並べられた，大量の小さな非
剛体物体の集まりで置き換えることができるためである．系
K の点 A から出た光線が点 B に達するのに要する時間を計
ったとき，その値が，光線が A を出発する時刻に依存しな
いように設定され，系 K の空間点にきちんと並べられた時
計を用いて，系 K の時間 t を計るものとする．さらに，K
の点 A を通過する光線が，同じ点 A において方向によらな
い伝搬速度をもつよう時計を調整できるなら，整合的な同時
性の定義が可能であることが示される．

　さて，基準系 $K(x, y, z, t)$ を加速していない（定数の重力
ポテンシャルをもつ）基準系 $\Sigma(\xi, \eta, \zeta, \tau)$ から眺めるとしよ
う．我々は，まず，x 軸は常に ξ 軸と一致し，y 軸は常に η
軸に，z 軸は常に ζ 軸に平行であるとする．この設定は，**加
速**状態にあることが Σ から見た K の形状に影響を与えない
とすると可能である．我々はこの物理的な仮定を基礎とす
る．この仮定より，任意の τ に対し，

(1)
$$\begin{cases} \eta = y, \\ \zeta = z \end{cases}$$

が成り立たねばならないことが導かれるので，あとは，ξ，
τ の組と，x，t の組の間で成り立つ関係式を探せばよい．
時刻 $\tau = 0$ で両方の基準系をちょうど一致させることがで

きる．このとき，求める変換式[†1] は，必ず

$$(2) \quad \begin{cases} \xi = \lambda + \alpha t^2 + \cdots \\ \tau = \beta + \gamma t + \delta t^2 + \cdots \end{cases}$$

という形をもつはずである．この連立式は t の十分小さな正と負の値に対して有効で，その係数は現時点では x の未知関数と見なされる．具体的に書かれている項に限定すると，微分により

$$(3) \quad \begin{cases} d\xi = (\lambda' + \alpha' t^2) dx + 2\alpha t dt, \\ d\tau = (\beta' + \gamma' t + \delta' t^2) dx + (\gamma + 2\delta t) dt \end{cases}$$

を得る．

系 Σ では，光速が1となるような時間が用いられているとする．すると，任意の時空点から光速で広がる面[†2] を表す方程式は，その点の無限小近傍に限ると，

$$d\xi^2 + d\eta^2 + d\zeta^2 - d\tau^2 = 0$$

と表される．同じ面が系 K では

$$dx^2 + dy^2 + dz^2 - c^2 dt^2 = 0$$

という方程式を満たす．変換式(2)は，これら2つの方程式を等価にするものでなければならない．(1)式を考慮すると，この条件は次の恒等式が成り立つことを要求する[†3]．

$$d\xi^2 - d\tau^2 = dx^2 - c^2 dt^2.$$

この方程式の左辺に，dx, dt による表式(3)を代入し，両辺の dx^2, dt^2 および $dxdt$ の係数を等しいと置くと，等式

$$1 = (\lambda' + \alpha' t^2)^2 - (\beta' + \gamma' t + \delta' t^2)^2,$$

$$-c^2 = 4\alpha^2 t^2 - (\gamma + 2\delta t)^2,$$

$$0 = (\lambda' + \alpha' t^2) \cdot 2\alpha t - (\beta' + \gamma' t + \delta' t^2)(\gamma + 2\delta t)$$

を得る．この方程式は，(2)式で省略されている項が影響しない t の次数の範囲で，t について恒等的に成り立つ．したがって，第1式は2次まで，第2式と第3式は1次まで成り立つ．これより，方程式[†4]

$$1 = \lambda'^2 - \beta'^2, \quad 0 = \beta'\gamma', \quad 2\lambda'\alpha' - \gamma'^2 - 2\beta'\delta' = 0,$$

$$-c^2 = -\gamma^2, \quad 0 = \gamma\delta,$$

$$0 = \beta'\gamma, \quad 0 = 2\alpha\lambda' - 2\beta'\delta - \gamma\gamma'$$

が得られる．γ はゼロとなれないので，第3行の第1式より $\beta' = 0$ が得られる．したがって，β は定数となり，時間の原点を適当に選ぶことによりゼロと置くことができる．さらに，係数 γ は正であるべきなので，第2行の第1式より，

$$\gamma = c$$

となる．また，第2行の第2式より

$$\delta = 0$$

となる．β' がゼロで，x は ξ と共に増大すると仮定してよいので，第 1 行の第 1 式より

$$\lambda' = 1,$$

したがって，$t=0$ かつ $\xi=0$ に対して $x=0$ とすると，

$$\lambda = x$$

が得られる．最後に，第 1 行の第 3 式と第 3 行の第 2 式およびすでに得られた関係式より，微分方程式

$$2\alpha' - c'^{2} = 0,$$

$$2\alpha - cc' = 0$$

が導かれる．これを解くと，c_0 と a を積分定数として，

$$c = c_0 + ax,$$

$$2\alpha = a(c_0 + ax) = ac$$

が得られる．

これで，探していた十分小さい t に対する変換式が見つかったことになり，t について 3 次以上の項を無視すると，方程式

$$\begin{cases} \xi = x + \dfrac{ac}{2}t^2, \\[2mm] \eta = y, \\[2mm] \zeta = z, \\[2mm] \tau = ct \end{cases}$$

(4)

が成り立つ．ここで，系 K での光速 c は t によらず x のみに依存し，いま導いた関係式より，

(5)
$$c = c_0 + ax$$

で与えられる．定数 c_0 の値は，K の原点での時間を計るのに用いる時計の進みの速さに依存する．定数 a の意味は，次のようにして明らかとなる．まず，(5)式を考慮すると，方程式(4)の第 1 式と第 4 式は，K の原点$(x=0)$に対し，運動方程式

$$\xi = \frac{a}{2c_0}\tau^2$$

を与える．したがって，a/c_0 は，光速が 1 となる時間の単位系で計った，K の原点の Σ に対する加速度となる．

§2　静的重力場の微分方程式，静的重力場における質点の運動方程式

以前の研究より，すでに，静的な重力場では光速 c と重力

ポテンシャルの間にある関係が成り立つ，言い換えると，重力場は c により決定されることが結論される．§1 で考察した加速度場に対応する重力場に対し，(5)式および等価原理より，方程式

$$(5a) \qquad \Delta c = \frac{\partial^2 c}{\partial x^2} + \frac{\partial^2 c}{\partial y^2} + \frac{\partial^2 c}{\partial z^2} = 0$$

が成り立つが，この方程式が質量を伴わない任意の重力場に対して成り立つと見なすべきだと仮定するのは妥当である[*4]．いずれにしても，この方程式は(5)式と整合的な最も簡単な方程式である．

ポアソン方程式に対応する正しそうな方程式を立てることは容易である．すなわち，c の値が，高々，K の原点で時刻 t をどのような性質の時計を用いて計るかに依存した定数因子の自由度を除いてしか決まらないという，c の特性から導かれる．この特性より，ポアソン方程式に対応する方程式は，c について同次的でないといけない．この性質をもつ最も簡単な方程式は，線形方程式

$$(5b) \qquad \Delta c = kc\rho$$

である．ここで，k は(普遍)重力定数を，ρ は物質密度を表す．後者は，質量分布だけで決まってしまうように，すなわち，各空間体積要素への物質の割り当てが与えられれば，その値が c に依存することがないように定義しなければならない．重力ポテンシャルにかかわらず 1 立方センチメート

ルあたりの水の質量を 1 と置けば，この要請が満たされる．
この場合，ρ は 1 立方センチメートルに含まれる物質の質量
と対応する水の質量との比となる．

次に，静的な重力場中での質点の運動方程式を見つけよ
う．そのために，§1 で考察した加速度場中で，力を受けな
い質点の運動法則を見つける．系 Σ では，この運動法則は

$$\xi = A_1\tau + B_1,$$
$$\eta = A_2\tau + B_2,$$
$$\zeta = A_3\tau + B_3$$

となる．ここで，A と B は定数である．この方程式は，(4)
式を用いると，t の十分小さい値に対して正しい方程式

$$x = A_1ct + B_1 - \frac{ac}{2}t^2,$$
$$y = A_2ct + B_2,$$
$$z = A_3ct + B_3$$

に書き換えられる．この第 1 式を t について，1 回および 2
回微分し，その結果で $t=0$ と置くと，2 つの方程式[*5]

$$\dot{x} = A_1c,$$
$$\ddot{x} = 2A_1\dot{c} - ac$$

を得る．これら 2 つの方程式より A_1 を消去すると，

$$c\ddot{x} - 2\dot{c}\dot{x} = -ac^2,$$

あるいは方程式

$$\frac{d}{dt}\left(\frac{\dot{x}}{c^2}\right) = -\frac{a}{c^2}$$

が導かれる．同様にして，他の2成分に対して，方程式

$$\frac{d}{dt}\left(\frac{\dot{y}}{c^2}\right) = 0,$$

$$\frac{d}{dt}\left(\frac{\dot{z}}{c^2}\right) = 0$$

が得られる．これら3本の方程式は，まず，$t=0$ の瞬間で成り立つ．しかし，この時点は級数展開の原点としたことを除いて他の時点と違いはないので，これらの方程式は一般的に成立する．このようにして得られた方程式系が，我々が求めていた，定加速度場で外力を受けず運動する質点に対する運動方程式である．$a = \partial c/\partial x$ および $(\partial c/\partial y) = (\partial c/\partial z) = 0$ であることを考慮すると，これらの方程式を

$$(6)\quad\begin{cases}\dfrac{d}{dt}\left(\dfrac{\dot{x}}{c^2}\right) = -\dfrac{1}{c}\dfrac{\partial c}{\partial x},\\[2mm]\dfrac{d}{dt}\left(\dfrac{\dot{y}}{c^2}\right) = -\dfrac{1}{c}\dfrac{\partial c}{\partial y},\\[2mm]\dfrac{d}{dt}\left(\dfrac{\dot{z}}{c^2}\right) = -\dfrac{1}{c}\dfrac{\partial c}{\partial z}\end{cases}$$

という形にも書き換えることができる．方程式をこの形で表

すと，x 方向はもはや特殊でなくなり，方程式の両辺はベクトルとして振る舞う．このことより，質点が重力のみの作用を受ける場合には，これらの方程式を実際，静的な重力場中での質点に対する運動方程式と見なすべきである．

　(6)式より，まず，(5b)式に登場する定数 k が通常の意味での重力定数 K とどのような関係にあるかが分かる．すなわち，運動速度が c と比べて小さい場合には，(6)式より

$$\ddot{x} = -c\frac{\partial c}{\partial x} = -\frac{\partial \Phi}{\partial x}$$

となるので，(5b)式はいくつか項を無視すると

$$\Delta \Phi = kc^2 \rho$$

と書き換えられる．これより

$$K = kc^2$$

となる．したがって，重力定数 K ではなく，比 K/c^2 が普遍定数となる．

　方程式(6)に順に $\dot{x}/c^2$，$\dot{y}/c^2$ [†5]，$\dot{z}/c^2$ を掛けて足し合わせ，

$$q^2 = \dot{x}^2 + \dot{y}^2 + \dot{z}^2$$

と置くと，

$$\frac{d}{dt}\left(\frac{1}{2}\frac{q^2}{c^4}\right) = -\frac{\dot{c}}{c^3} = \frac{d}{dt}\left(\frac{1}{2c^2}\right),$$

あるいは

$$\frac{d}{dt}\left[\frac{1}{c^2}\left(1-\frac{q^2}{c^2}\right)\right]=0,$$

あるいは

(7)
$$\frac{c}{\sqrt{1-\dfrac{q^2}{c^2}}}=\text{const.}$$

が得られる．この方程式は，定常重力場中を運動する質点に対するエネルギー則を含んでいる．この方程式の左辺の q への依存の仕方は，通常の相対性理論における質点のエネルギーの q への依存の仕方とちょうど一致する．よって，この方程式の左辺は，（質点自身に依存した）因子を別にして，質点のエネルギー E と見なすべきである．質量は重力ポテンシャルに依存しないと定めたので，この因子は，明らかに上で定めた意味での質量 m に等しいとすべきである．したがって，

(8)
$$E=\frac{mc}{\sqrt{1-\dfrac{q^2}{c^2}}},$$

あるいは，近似的に

(8a)
$$E=mc+\frac{m}{2c}q^2$$

となる．まず，この展開の第 2 項より，我々がエネルギーと呼んでいる量は，通常と異なった次元をもっていること

が分かる．それに対応して，各エネルギー量の測定値も異なった値，すなわち通常の場合の $1/c$ 倍になる．さらに，「運動エネルギー」は m と q だけでなく，c，すなわち重力ポテンシャルにも依存する．もっとも，(8)より，「運動エネルギー」と重力エネルギーを厳密に区分することはできないが．さらに，(8)式より，重力場中で静止している質点のエネルギーが mc に等しいという重要な結果が得られる．これより，関係式

力・移動距離 ＝ 供給されたエネルギー

を保とうとすると，重力場中で静止している質点に作用する力 $\mathfrak{K}$ は，

$$\mathfrak{K} = -m \operatorname{grad} c$$

となる〔$\mathfrak{K}$ は K のフラクトゥール体〕．

つぎに，重力に加えて他の力が作用している質点に対して，任意の静的重力場中での運動方程式を導こう．方程式(6)は相対論的力学で成り立つ運動方程式と似ていない．しかし，この方程式に(7)式の左辺を掛けると，方程式(6)と等価な方程式

$$(6a) \qquad \frac{d}{dt}\left\{ \frac{\dfrac{\dot{x}}{c}}{\sqrt{1 - \dfrac{q^2}{c^2}}} \right\} = -\frac{\dfrac{\partial c}{\partial x}}{\sqrt{1 - \dfrac{q^2}{c^2}}}, \ \cdots$$

を得る．通常の相対性理論では重要でない，分子に表れる因子 $1/c$ を除いて，この式の左辺は通常の相対性理論と全く同じ形をしている．したがって，我々は括弧の中の量を（質量1の点に対する）運動量の x 成分と呼ぶべきだろう．さらに，我々は，いましがた，$-\partial c/\partial x$ を静止した質点に重力場が及ぼす力の x 成分と解釈すべきであることを示した．質量1の任意の運動をする質点に作用する重力と，静止した質点に対する重力の違いとしては，q と共にゼロとなる因子のみが考えられる．上で立てた方程式は，この力 $\mathfrak{K}_g$ が $-\dfrac{\partial c/\partial x}{\sqrt{1-q^2/c^2}}$ に等しいことを示唆する．つまり，運動量の時間微分を作用する力に等しいと置くのである．さらに，質点に他の力 $\mathfrak{K}$ が働く場合には，方程式の右辺にさらに項 $\mathfrak{K}/m$ を付け加える．すると，質量 m の質点の運動方程式は次の形をとる：

$$(6\mathrm{b}) \qquad \frac{d}{dt}\left\{ \frac{m\dfrac{\dot{x}}{c}}{\sqrt{1-\dfrac{q^2}{c^2}}} \right\} = -\frac{m\dfrac{\partial c}{\partial x}}{\sqrt{1-\dfrac{q^2}{c^2}}} + \mathfrak{K}_x, \cdots.$$

ただし，この方程式は，それから導かれるエネルギー則が

$$\mathfrak{K}\mathfrak{q} = \dot{E}$$

という関係式を満たすときのみ許される〔$\mathfrak{q}$ は q のフラクトゥール体〕．この関係式が成り立つことは，次のようにして

示される.

まず，(6b)式を

$$\frac{d}{dt}\left\{\frac{\dot{x}}{c^2}E\right\} + \frac{1}{c}\frac{\partial c}{\partial x}E = \Re_x,\ \cdots$$

と書き表し，これらの方程式に順に $\dot{x}/c^2,\cdots$ を掛け，それらを足し合わせると，

$$\frac{q^2}{c^4}\dot{E} + \frac{1}{2}E\frac{d}{dt}\left(\frac{q^2}{c^4}\right) + E\frac{\dot{c}}{c^3} = \frac{\Re\mathfrak{q}}{c^2}$$

を得る[†6]．これより，(8)式のおかげで

$$\frac{q^2}{c^4} = \frac{1}{c^2} - \frac{m^2}{E^2}$$

および

$$\frac{1}{2}\frac{d}{dt}\left(\frac{q^2}{c^4}\right) = -\frac{\dot{c}}{c^3} + \frac{m^2\dot{E}}{E^3}$$

が成り立つこと[†7] を考慮すると，求める関係式が得られる．したがって，力と運動量の関係およびエネルギー則はそのまま保たれる．

§3　静的重力ポテンシャルの物理的意味についてのコメント

光が特定の長さをもつ閉経路を一周する時間を，ある指定された時計を用いて計ることにより，ほぼ一定の重力ポテンシャルの存在する空間において光速を測定すると，測定した

空間での重力ポテンシャルの大きさによらず，光速として常に同じ値を得る*6．これは，等価原理より直接導かれる．したがって，点 P での光速が点 P_0 での光速の c/c_0 倍であるというのは，P_0 での時間測定に用いる時計より c/c_0 倍ゆっくり進む時計を用いて点 P における時間を計る*7 ことを意味する．ただし，両者の時計の進みは，同じ場所で互いに比較するものとする．言い換えると，時計をより大きな c の場所に運ぶと，時計は†8 より速く進むことになる．この時間の進みの速さの重力ポテンシャル (c) への依存性は，任意の事象における時間の進みに対して成立する．このことは，すでに過去の論文で説明済みである†9．

同様に，ある一定の仕方で引き伸ばされたバネの張力，あるいは一般に，任意の系における力やエネルギーは，常に，系が存在する場所の c の大きさに依存する．これは，次の初等的な考察から容易に示される．c の値が異なる多数の小さな空間領域において，常に同じ時計，同じ物差し，等々を用いて，順次実験を行ったとすると，起こりうる重力場の強度の差異を無視すると，我々はどの空間領域でも，理論定数の値が等しい同一の法則性を見出すことになる．これは等価原理より導かれる．例えば，1 cm 隔てて置かれた2枚の鏡を，その間での光シグナルの往復回数を数えることにより，時計として用いることができる．すると，我々は，アブラハムが l と表記した†10 一種の局所時間を扱うことになる．これは，普遍的な時間と

$$dl = cdt$$

の関係にある．時間を l により計ることにすると，ある一定のバネを，ある一定の仕方で引き伸ばすことにより生じるその変形エネルギーを用いて，質量 m を加速すると，計測する場所での c の大きさによらず，得られる質点の速度 dx/dl は一定になる．その値は

$$\frac{dx}{dl} = \frac{dx}{cdt} = a$$

である．ここで，a は c に依存しない．(8)式によれば，この運動に対応する運動エネルギーは

$$\frac{m}{2c}q^2 = \frac{m}{2c}\left(\frac{dx}{dt}\right)^2 = \frac{m}{2c}a^2c^2 = \frac{ma^2}{2}\cdot c$$

と等しい．バネのエネルギーは，したがって，c に比例し，同じことが，任意の系のエネルギーと力に対しても成り立つ．

　この依存性は，直接の物理的意味をもっている．例えば，異なる重力ポテンシャルをもつ 2 点 P_1 と P_2 の間に質量のない糸が張られているとしよう．全く同じ作りの 2 本のバネの 1 本を点 P_1 に，残りを点 P_2 に糸に繋いでそれぞれ引っ張り，釣り合うようにする．このとき，それぞれのバネの伸び l_1 と l_2 は一致せず，その代わりに平衡条件は

$$l_1c_1 = l_2c_2$$

となる*8.

　最後に，コメントとして，方程式(5b)もこれらの一般的
結論と合致していることに触れておく．実際，これらの方程
式と，質量 m に働く重力が $-m\,\mathrm{grad}\,c$ に等しいという事実
より，ポテンシャル c の中で距離 r 離して置かれた2つの
質量の間に働く力 $\mathfrak{K}$ は，第1近似で

$$\mathfrak{K} = ck\frac{mm'}{4\pi r^2}$$

により与えられる．したがって，この力 $\mathfrak{K}$ も c に比例する．
さらに，しっかり固定された質量 m' の周りを重力のみの
作用を受けて一定距離 R を保って公転する質量 m からなる
「重力時計」を考える．(6b)によりその公転運動は，第1近
似で，

$$m\ddot{x} = c\mathfrak{K}_x,\ \cdots$$

に従って行われる．これより，

$$m\omega^2 R = c^2 k\frac{mm'}{4\pi R^2}$$

が得られる．したがって，重力時計の進む速度 ω は，他の
すべての種類の時計と同様に，c に比例する．

§4　空間と時間についての一般的コメント

　さて，前述の理論と古い相対性理論(すなわち，c の不変

性に基づく理論)とはどのような関係にあるのだろうか？アブラハムの意見では[†11]，ローレンツ変換式は無限小の領域では依然として成立する，すなわち x-t の変換則

$$dx' = \frac{dx - vdt}{\sqrt{1 - \dfrac{v^2}{c^2}}},$$

$$dt' = \frac{-\dfrac{v}{c^2}dx + dt}{\sqrt{1 - \dfrac{v^2}{c^2}}}$$

が成り立つことになる．ここで，dx' と dt' は全微分でないといけない．したがって，方程式

$$\frac{\partial}{\partial t}\left\{\frac{1}{\sqrt{1 - \dfrac{v^2}{c^2}}}\right\} = \frac{\partial}{\partial x}\left\{\frac{-v}{\sqrt{1 - \dfrac{v^2}{c^2}}}\right\},$$

$$\frac{\partial}{\partial t}\left\{\frac{-\dfrac{v}{c^2}}{\sqrt{1 - \dfrac{v^2}{c^2}}}\right\} = \frac{\partial}{\partial x}\left\{\frac{1}{\sqrt{1 - \dfrac{v^2}{c^2}}}\right\}$$

が成り立つことになる．今，′ のつかない座標系において，重力場が静的であるとする．すると，c はある定まった x の関数となり，t には依存しない．′ のついた座標系は「単調な」運動をしているとすると，少なくとも x を固定するとき，v は t に依存してはいけない．これより，方程式の左

辺，したがって，右辺もゼロとならないといけない．後者は，しかし，不可能である．なぜなら，c を x の勝手な関数により与えたとき，v として x の適切な関数を選ぶことにより，2 つの式の右辺を共にゼロにすることができないからである．以上により，光速不変性の普遍的な成立を断念するやいなや，無限小の時空領域に対しても，ローレンツ変換の妥当性を維持することはできないことが示された．

　空間時間問題は，私には以下のような状況にあると思われる．一定の重力ポテンシャルをもつ領域に限ると，定数 c をもつローレンツ変換で互いに結ばれた，多様な時空座標系の一つを用いて表すと，自然法則はとりわけ単純かつ不変な形で表される．これに対し，c が定数となる領域に制限しなければ，対等な座標系の多様性は変化し，より多様な変換に対して自然法則が不変となる一方で，代償として，法則はより複雑になるだろう．

プラハ，1912 年 2 月

（1912 年 2 月 26 日受理）

原　注

*1　A. Einstein, *Ann. d. Phys.* 4, 35, 1911.〔関連論文リスト[11]〕

*2　M. Abraham, *Phys. Zeitschr.* 13, No. 1, 1912.

*3　この場を生成する質量は無限遠にあると想定しなければならない．

*4　近く発表される論文〔関連論文リスト[13]〕で，方程式

(5a)と(5b)はまだ厳密には正しくない可能性があることが
示される．本論文では，暫定的に正しいとしてそれらを用
いる．

*5　(2)式で無視した項は，このように2回微分して，その
結果で $t=0$ と置くと，この式には影響しない．

*6　したがって，時間を計るのに用いる時計は常に同じもの
で，常に c の値を測定する場所に運ばれる．

*7　すなわち，方程式において「t」で表されている時間の計
測．

*8　その際，当然，重力場中に張られた質量のない糸には，
力が働かないものとする．その正当化はまもなく出版され
る論文で行われる[†12]．

訳　注

†1　原論文では，Substitutionsgleichung（代入式，置換式）
という言葉が使われている．以下，同じものを指す言葉は
「変換式」と訳す．

†2　原論文では，Schale（鉢，深皿）という言葉が使われてい
る．「光錐」を表すものと考えられる．

†3　原論文では，次式に(4)の式番号が与えられていたが，こ
の式が以後番号で引用されておらず，しかも同じ番号が後
ほど別の式に割り振られていたので，この式の番号は削除
した．

†4　タイポを修正：第1行目第1式の右辺において $\lambda'^2\beta'^2 \rightarrow$
$\lambda'^2 - \beta'^2$，第1行目第3式で $\lambda \rightarrow \lambda'$．

†5　タイポを修正：$\dot{y}/^2 \rightarrow \dot{y}/c^2$．

†6　タイポを修正：第1項の因子 $1/2$ を削除．

†7　タイポを修正：左辺に $1/2$ を掛け，右辺第2項の分子で
$E \rightarrow \dot{E}$ と置き換えた．

†8　「大域的な時間と比較して」を挿入．

†9 関連論文リスト[8]および[11]参照.

†10 アブラハムの論文[原注*2].

†11 M. Abraham: *Ann. d. Phys.* 38, pp. 1056–1058 (1912).

†12 巻末の関連論文リスト[13].

掲載論文3

一般化された相対性理論と重力理論の草案

I. 物理の部

訳者解説

アインシュタインは1913年に，マルセル・グロスマン (M. Grossmann)との共著で，微分幾何学に基づく一般相対性理論の定式化(論文の題名から「Entwurf理論」と呼ばれる)の概要に関する論文を発表した．本論文はその第Ⅰ部で，アインシュタインが担当した「物理の部」である(第Ⅱ部の「数学の部」はグロスマンが担当している)．

本論文では，等価原理，一般共変性原理，計量仮説の3つを一般相対性理論の基本原理とすることを明確に述べ，それに基づいてテンソル型の重力理論を展開している．すでにこの段階で重力場の物質への作用に関する部分は完成されており，数学的な記法を別にして，現在の理論とほぼ変わらない．しかし，重力場を決定する方程式に関しては，一般共変性をもたない方程式が提案されており，現在の理論とは大きく異なっている．なお，現代の物理分野での習慣と異なり，本論文では，テンソルを表すのに，反変，共変のいずれの場合も，添え字が下付きで表記されているので注意が必要である[†1]．

さて，論文の内容をもう少し詳しく見てみよう．まず，§1と§2では，一般相対性理論の基本原理について，その内容と導入する理由が説明されている．ポイントの一つは，1907-1912年の期間に行った研究により，「等価性仮説」を認めると(静的)重力場中では光速が空間的な位置に依存する

ことが避けられないことが判明し，それにより，特殊相対性
理論は単に近似理論に過ぎないこと，言い換えれば，特殊相
対性理論の枠内では重力は記述できないという認識に達した
点である．重力と基準系の加速の同等性を意味する「等価性
仮説」と合わせると，これは，理論を不変にする変換をロー
レンツ変換からより広い変換に広げなければならないことを
意味する．これより，自然に「一般共変性」という要請に導
かれる．

　もう一つのポイントは，特殊相対性理論における粒子の運
動方程式の変分原理（ハミルトン原理）による導出である．プ
ランクにより 1906 年に導入されたこの変分原理では，作用
積分が時空線素長 ds の経路積分で与えられるが，静的な重
力場の近似理論でのその表式が，ミンコフスキー計量に対す
る表式において，$c^2 dt^2$ の項の c を空間の関数に変えたもの
で与えられる．したがって，理論はもはやローレンツ不変で
なくなり，相対性原理の一般化，すなわち時空座標を一般の
座標に拡張するのが自然となる．すると，ds^2 を記述するた
めに一般的な時空計量を用いるのが自然となる．このことが
「計量仮説」導入の大きな動機となったと思われる．

　§2 ではさらに，この計量仮説に基づいて，一般の重力場
中での粒子の運動方程式を変分原理から導出し，その一般共
変性を証明している．また，運動方程式の構造に基づいて，
エネルギー運動量テンソルを導入し，その保存則をテンソル
方程式の形で書き下している．これに続いて，§3 では，各

時空点で計量テンソルをミンコフスキー計量に移す局所座標を導入し，§4 ではそれを用いて，互いに相互作用しない粒子からなる物質流[†2] に対する共変的運動方程式を導き，それをエネルギー運動量テンソルを用いて書き換えることにより，一般的な物質に対する重力場中での一般共変的なエネルギー運動量保存則を導いている．

　以上で，重力場およびその物質に対する作用を記述する枠組みが定まったので，続く §5 において重力場の方程式の問題を扱っている．重力は特殊相対性理論では記述できないので，等価原理を用いてこの問題に対する解答を得ることはできない．そこで，計量仮説，一般共変性の要請とニュートン理論での重力場の方程式 $\Delta\varphi = 4\pi k\rho$ との対比に基づいて，重力場の方程式が $\Gamma_{\mu\nu} = \kappa\Theta_{\mu\nu}$ という構造をもつという作業仮説を導入している．ここで，$\Theta_{\mu\nu}$ は現代の記法では $T^{\mu\nu}$ と表される物質のエネルギー運動量テンソルの反変表示，$\Gamma_{\mu\nu}$ は計量テンソル $g_{\mu\nu}$ とその 2 階以下の導関数から作られる量の組である．

　重力場の方程式が一般共変性をもつとすると，$\Gamma_{\mu\nu}$ も 2 階反変テンソルでないといけない．微分幾何学の知識を用いると，上で述べた条件を満たすそのようなテンソルはリッチテンソルと (スカラー曲率＋定数)×計量テンソルの線形結合の形に限られることが直ちに導かれる．しかし，アインシュタインはそのようなテンソルを見つけることができなかった．その理由の一つは，明らかに，アインシュタインが微分

幾何学について十分な知識をもたなかったことにあるが，それに加えて，もう一つの理由として，ニュートン理論との単純な対応にこだわったことが考えられる．実際，本論文に対するコメント（［掲載論文4］）において，重力場の方程式が一般共変的なら重力源である物質分布と重力場の対応の一意性が破れるので，一般共変性を放棄すべきだという趣旨の議論を展開している．この議論は，一般共変的な系について物理的な議論をするには，時空座標系を制限することにより座標変換の自由度を取り除くこと（ゲージ固定）が必要であることを指摘していると見ることもできるが，一般共変性を放棄する根拠とするのは間違いである．この間違いは，アインシュタインが一般共変性の意味をまだ十分に理解していなかったためだと考えられるが，この間違った認識のせいで，正しい重力場の方程式の発見は2年以上遅れることになる．

　いずれにしても，このような理由で，アインシュタインは一般共変的な重力場の方程式を立てることを諦め，一般線形変換というより狭い座標変換のクラスに対する共変性を課して，重力場の方程式を探した．当然，この要請は非常に弱い条件なので，何か別の要請を追加しないと目的を果たせない．そこでアインシュタインが注目したのが，物質に対するエネルギー運動量保存則である．彼は，対応するエネルギー運動量方程式において，重力相互作用が作用反作用の法則，すなわち物質の全運動量の保存則を満たすべきだと考え，そのための十分条件として重力場の方程式を発見的に導出し

た. 結果として得られた方程式は, 最終的に採用されるものと大きく異なり, 当然, 一般共変性をもたないものであった.

続く §6 では, §4 までの結果を一般化し, テンソル方程式を用いると, 特殊相対性理論から出発して, 重力場の物質への作用を記述する一般共変的な方程式が機械的に得られること(対応原理)を指摘し, 具体例として, 電磁場に対するマクスウェル方程式のテンソル方程式への書き換えを行っている.

最後の §7 では, 等価原理の観点から, スカラー型重力理論であるノルドストレム理論を批判している. この理論は, 時空計量が共形的に平坦, すなわちスカラー関数 φ を用いて $\varphi^2 \times$ ミンコフスキー計量と表されるとする理論で, この理論では φ が重力ポテンシャルの役割を果たす. アインシュタインは, いくつかの観点から, この理論では質量に対する「等価性仮説」が満たされないという議論を展開しているが, [掲載論文 4]において, この批判を取り下げている. この問題に関しては, [掲載論文 5]で詳しく議論されている.

一般化された相対性理論と重力理論の草案

I. 物理の部

A. アインシュタイン

A. Einstein, *Entwurf Einer Verallgemeinerten Relativitätstheorie und Einer Theorie Der Gravitation*

Teubner, Leipzig, pp. 3-38 (1913)

"I. Physikalischer Teil von Albert Einstein", pp. 3-22

(reprinted in *Zeitschrift für Mathematik und Physik* 62, pp. 225-259 (1914))

　以下で説明する理論は，物体の慣性質量と重力質量の比例関係が厳密に成り立つ自然法則であり，理論物理学の基礎法則の一つに組み入れられていてしかるべきであるという確信より生まれたものである．これまでに発表したいくつかの論文で[*1]，私はすでに，**重力**質量を**慣性**質量に帰着させる試みを通して，この確信に具体的な表現を与えようとした．この努力により，私は，（無限に小さい領域で一様な）重力場は，物理的には完全に基準系の加速運動状態により置き換えることができるという仮説に導かれた．この仮説は分かりやすく述べると次のようになる：箱の中に閉じ込められた観測者は，箱が静的な重力場中で静止しているのか，それとも，重

力のない空間において，外から引っ張られることにより加速運動をしているのかを全く区別できない（等価性仮説）．

慣性質量と重力質量が比例するという法則が異常に高い精度で成立することを，我々はエトヴェシュ〔L. Eötvös〕による重要な基礎的実験研究*2 により知っているが，この研究は次のような考察に基づいている．地表で静止している物体には，重力に加えて地球の自転に由来する遠心力も働く．第1の力は重力質量に比例し，第2の力は慣性質量に比例する．したがって，これら2つの力の合力の方向，すなわち見かけの重力の方向（鉛直方向）は，もし慣性質量と重力質量が比例しないなら，注目している物体の物理的特性に依存しなければならない．性質の異なる固体からなる系の各部分に働く見かけの力は，一般には同じ向きをもつことはできず，むしろ，一般に見かけの重力によるトルクが残ることになる．このような系を捩れ力の働かない糸につるせば，このトルクを検出できるはずである．エトヴェシュは，細心の注意を払ってそのようなトルクが存在しないことを確かめることにより，2種類の質量の比が調べた範囲では物体の性質に依存しないことを，素材間の相対的な値の変動で表して2,000万分の1以下という非常な精度で証明した．

相対性理論によれば，放射性物質の崩壊によるエネルギー放出にともなって，物質の慣性質量は減少するが，その大きさは全質量と比べてさほど少ないわけではない*3．例えば，ラジウムの崩壊による質量減少は全体の質量の 1/10,000 で

ある．もしその慣性質量の変動が**重力**質量の変動と一致しないと，慣性質量と重力質量の間に，エトヴェシュの研究結果が許すより遥かに大きい差が存在しないといけなくなる．したがって，慣性質量と重力質量は厳密に一致している可能性が非常に高いと考えるべきである．これらの理由により，重力質量と慣性質量が本質において物理的に同等であるとする等価性仮説も，高い蓋然性をもつように私には思われる[*4].

§1　静的な重力場中での質点の運動方程式

　通常の相対性理論[*5] によると，力を受けない質点は方程式

(1)　$\delta \left\{ \int ds \right\} = \delta \left\{ \int \sqrt{-dx^2 - dy^2 - dz^2 + c^2 dt^2} \right\} = 0$

に従って運動する．なぜなら，この方程式は質点が等速直線運動することを意味するので．

　m を質点の静止質量とするとき，この方程式は

(1a)　　　　　　　　$\delta \left\{ \int H dt \right\} = 0$

と表すこともできるので，ハミルトン原理の形式での運動方程式となっている．ここで，

$$H = -\frac{ds}{dt} m$$

と置いた[†3]．これより，よく知られている方法により，運動

する質点の運動量 J_x, J_y, J_z とエネルギー E が

$$(2) \quad \begin{cases} J_x = \dfrac{\partial H}{\partial \dot{x}} = m\dfrac{\dot{x}}{\sqrt{c^2 - q^2}}; \quad \cdots, \\[3mm] E = \dfrac{\partial H}{\partial \dot{x}}\dot{x} + \dfrac{\partial H}{\partial \dot{y}}\dot{y} + \dfrac{\partial H}{\partial \dot{z}}\dot{z} - H = m\dfrac{c^2}{\sqrt{c^2 - q^2}} \end{cases}$$

と与えられる[†4].

　この表式と通常のものとの違いは，後者では J_x, J_y, J_z および E に，さらに因子 c が掛かる点のみである．しかし，通常の相対性理論では c は定数なので，いま与えた式の系は通常のものと同等である．唯一の違いは，J と E が通常の表式と異なる次元をもつ点である．

　以前の論文〔関連論文リスト[8], [11], [12], [13]〕において私は，等価性仮説から，静的な重力場中では光速 c が重力ポテンシャルに依存するという結論が導かれることを示した．このことから私は，通常の相対性理論は，考えている時空領域において重力ポテンシャルの変動が大きくない限定された状況でのみ成り立つ，現実に対する近似理論に過ぎないと考えるようになった．さらに，静的重力場中での質点の運動方程式が，再びまた方程式(1)ないし(1a)で与えられることを見出した．ただし，その際，c は定数ではなく，重力ポテンシャルの大きさの尺度を表すと解釈すべき空間座標の関数である．(1a)より，よく知られた方法で，次の運動方程式が得られる：

$$(3) \qquad \frac{d}{dt}\left\{\frac{m\dot{x}}{\sqrt{c^2-q^2}}\right\} = -\frac{mc\frac{\partial c}{\partial x}}{\sqrt{c^2-q^2}}.$$

これより運動量は上式と同じ表式で表されることが分かる. 一般に, 静的な重力場中を運動する質点に対しては方程式 (2) が成り立つ. (3) 式の右辺は重力場が質点に及ぼす力 $\mathfrak{K}_x$ を表す. 静止している ($q=0$) 特別の場合には,

$$\mathfrak{K}_x = -m\frac{\partial c}{\partial x}$$

となる.

これより, c が重力ポテンシャルの役割を果たすことが分かる.

(2) より, ゆっくりと運動する点に対して,

$$J_x = \frac{m\dot{x}}{c},$$

$$(4) \qquad E - mc = \frac{\frac{1}{2}mq^2}{c}$$

が導かれる.

したがって, 速度が与えられたとき, 運動量と運動エネルギーは c に逆比例している. 言い換えると, 運動量とエネルギーの表式における c の現れ方より, 慣性質量は m/c となる. ここで, m は重力ポテンシャルに依存しない, 質点に固有の定数を意味する. これは, 慣性が注目している質点と残りすべてのものとの相互作用に起源をもつというマッハ

〔E. Mach〕の大胆な考え方と合致する．なぜなら，注目している質点の近傍の質量が増すと，重力ポテンシャル c が減少し，結果として慣性の尺度となる量である m/c が増大するので．

§2　任意の重力場中での質点の運動方程式．
　　　前者の特徴づけ

量 c の空間的な変動を許容することにより，我々は現在「相対性理論」と呼ばれている理論の枠組みを打ち破った．なぜなら，ds と表記されている表式はもはや座標系の直交線形変換に対して不変量として振る舞わないので．したがって，相対性原理——それは疑うべくもないが——を堅持するならば，我々は，さきほどその基本要素の概要を述べた静的重力場に対する理論を特殊な場合として含むよう，相対性理論を一般化しなければならない．

勝手な変換

$$x' = x'(x, y, z, t)$$
$$y' = y'(x, y, z, t)$$
$$z' = z'(x, y, z, t)$$
$$t' = t'(x, y, z, t)$$

により新たな時空座標系 $K'(x', y', z', t')$ を導入し，元の系

K において重力場が静的であったとすると，この変換により方程式 (1) は

$$\delta \left\{ \int ds' \right\} = 0$$

という形に書き換えられる．ここで，量 $g_{\mu\nu}$ を x', y', z', t' の関数として，

$$ds'^2 = g_{11}dx'^2 + g_{22}dy'^2 + \cdots + 2g_{12}dx'dy' + \cdots$$

と置いた．x', y', z', t' の代わりに x_1, x_2, x_3, x_4 を用い，ds' を再び ds と書くことにすると，K' に対する質点の運動方程式が

$$(1'') \quad \begin{cases} \delta \left\{ \int ds \right\} = 0, \quad \text{ここで} \\ ds^2 = \sum_{\mu\nu} g_{\mu\nu} dx_\mu dx_\nu \end{cases}$$

という形で表される．

　こうして，我々は次のような見解に至る：**一般の場合には重力場は 10 個の時空の関数**

$$\begin{array}{cccc} g_{11} & g_{12} & g_{13} & g_{14} \\ g_{21} & g_{22} & g_{23} & g_{24} \\ g_{31} & g_{32} & g_{33} & g_{34} \\ g_{41} & g_{42} & g_{43} & g_{44} \end{array} \quad (g_{\mu\nu} = g_{\nu\mu})$$

により特徴づけられ，通常の相対性理論に対応する場合で

は，これらの関数が，c を定数として，

$$
\begin{matrix}
-1 & 0 & 0 & 0 \\
0 & -1 & 0 & 0 \\
0 & 0 & -1 & 0 \\
0 & 0 & 0 & +c^2
\end{matrix}
$$

と簡単化される．上で考察したタイプの静的な重力場の場合も，$g_{44} = c^2$ が x_1, x_2, x_3 の関数である点を除いて，同種の退化が生じる．

以上よりハミルトン関数 H は，一般の場合には，

(5)

$$
\begin{aligned}
H &= -m\frac{ds}{dt} \\
&= -m\sqrt{g_{11}\dot{x}_1^2 + \cdots + 2g_{12}\dot{x}_1\dot{x}_2 + \cdots + 2g_{14}\dot{x}_1 + \cdots + g_{44}}
\end{aligned}
$$

となる．

付随するラグランジュ方程式

(6)
$$
\frac{d}{dt}\left(\frac{\partial H}{\partial \dot{x}}\right) - \frac{\partial H}{\partial x} = 0
$$

より，直ちに，質点の運動量 J および重力場がそれに及ぼす力 $\mathfrak{K}$ に対する表式が得られる[†5]：

(7)
$$
\begin{aligned}
J_x &= -m\frac{g_{11}\dot{x}_1 + g_{12}\dot{x}_2 + g_{13}\dot{x}_3 + g_{14}}{\dfrac{ds}{dt}} \\
&= -m\frac{g_{11}dx_1 + g_{12}dx_2 + g_{13}dx_3 + g_{14}dx_4}{ds},
\end{aligned}
$$

$$(8) \qquad \mathfrak{K}_x = -\frac{1}{2} m \frac{\sum_{\mu\nu} \frac{\partial g_{\mu\nu}}{\partial x_1} dx_\mu dx_\nu}{ds \cdot dt}$$

$$= -\frac{1}{2} m \cdot \sum_{\mu\nu} \frac{\partial g_{\mu\nu}}{\partial x_1} \cdot \frac{dx_\mu}{ds} \cdot \frac{dx_\nu}{dt}.$$

さらに，質点のエネルギー E に対して

$$(9)$$

$$-E = -\left(\dot{x} \frac{\partial H}{\partial \dot{x}} + \cdots \right) + H$$

$$= -m \left(g_{41} \frac{dx_1}{ds} + g_{42} \frac{dx_2}{ds} + g_{43} \frac{dx_3}{ds} + g_{44} \frac{dx_4}{ds} \right)$$

が得られる．

　通常の相対性理論の場合には，直交線形変換のみが許される．これに対し重力場の物質過程への作用については，任意の変換に対して不変となる方程式を立てることが可能であることが示される．

　まず，ds が質点の運動法則において果たす役割より，ds は絶対不変量（スカラー）でないといけないと結論することができる．これより，量 $g_{\mu\nu}$ は 2 階の共変テンソル[†1] であることが明らかとなる[*6]．我々はこの量を共変基本テンソルと呼ぶ．これが重力場を決定する．さらに，(7)式と(9)式より，質点の運動量とエネルギーは，全体として，1 階の共変テンソル，すなわち共変ベクトルをなすことがわかる[*7]．

§3 時空計測における基本テンソル $g_{\mu\nu}$ の意味

以上より，時空座標 x_1, x_2, x_3, x_4 と，物差しと時計による測定結果との間には，古い相対性理論におけるような単純な関係は成り立たないと結論できる．このような事態は，すでに，静的な重力場の場合に時間について起きた[*8]．したがって，座標 x_1, x_2, x_3, x_4 の物理的意味（原理的な測定可能性）に関する疑問が生じる．

ここで，ds が，限りなく近くに隣接する 2 点の距離を表す不変な尺度と見なされることに注意する．これより，ds は採用している基準系に依存しない物理的な意味をもつと考えられる．我々は，ds が「自然な方法で測られた」時空の 2 点の距離であるという前提で，以下議論を進める．

点 (x_1, x_2, x_3, x_4) の隣接点は，座標系を用いると，無限小変数 dx_1, dx_2, dx_3, dx_4 で決定される．これらの変数の代わりに，線形変換により新たな変数 $d\xi_1, d\xi_2, d\xi_3, d\xi_4$ を

$$ds^2 = d\xi_1^2 + d\xi_2^2 + d\xi_3^2 - d\xi_4^2$$

が成り立つよう導入したとする．この変換は，$g_{\mu\nu}$ を定数と見なして行う．結果は，実円錐 $ds^2 = 0$ の主軸表示となる．すると，この基本的な $d\xi$-系において，通常の相対性理論が成り立ち，長さや時間が通常の相対性理論と同じ意味をもつ．すなわち，ds^2 は，$d\xi$-系において加速していない剛体

…に配置された規準物差し
…く近くに隣接する2個の
…式となる．

…量である $g_{\mu\nu}$ が知られてい
… x_1, dx_2, dx_3, dx_4 に対応す
…きる．これは次のように表
…の方法で，計測に用いる物体

$$\cdots_{\mu\nu}dx_\mu dx_\nu$$

…元を確定するには，さらに取り
…かる．量 ds は長さの次元をも
… x_4 も）長さと見なすことにする．
…ないと見なされる．

…ついて，連続的に分布して
…用のない物質の運動

…相互作用のない物質に対する運動法
則を導くために，単位体積あたりの運動量と重力を計算し，
それに運動量則を適用する．

そのために，まず，着目している質量要素の3次元体積
を計算する必要がある．質量要素の時空軌道の（4次元的な）

無限小切片に着目しよう．その体積は

$$\iiint dx_1 \, dx_2 \, dx_3 \, dx_4 = V \, dt$$

となる．

dx の代わりに自然な微分 $d\xi$ を代入し，注目している質量要素が測定装置に対して静止しているとすると，

$$\iiint d\xi_1 \, d\xi_2 \, d\xi_3 = V_0$$

すなわち，質量要素の「固有体積」に等しいと置かなければならない．さらに，

$$\int d\xi_4 = ds$$

となる．ここで，ds は上で述べたのと同じものを表す．

dx と $d\xi$ が変換式

$$dx_\mu = \sum_\sigma \alpha_{\mu\sigma} d\xi_\sigma$$

により結びついているとすると，

$$\iiint dx_1 \, dx_2 \, dx_3 \, dx_4$$
$$= \iiint \frac{\partial(dx_1, dx_2, dx_3, dx_4)}{\partial(d\xi_1, d\xi_2, d\xi_3, d\xi_4)} \cdot d\xi_1 \, d\xi_2 \, d\xi_3 \, d\xi_4,$$

あるいは

$$V \, dt = V_0 \, ds \cdot |\alpha_{\rho\sigma}|$$

が得られる.

　しかし,

$$ds^2 = \sum_{\mu\nu} g_{\mu\nu} dx_\mu \, dx_\nu = \sum_{\mu\nu\rho\sigma} g_{\mu\nu} \alpha_{\mu\rho} \alpha_{\nu\sigma} d\xi_\rho \, d\xi_\sigma$$
$$= d\xi_1^2 + d\xi_2^2 + d\xi_3^2 - d\xi_4^2$$

なので, 行列式

$$g = |g_{\mu\nu}|,$$

すなわち 2 次微分形式 ds^2 の行列式と変換行列式 $|\alpha_{\rho\sigma}|$ の間に関係式

$$g \cdot (|\alpha_{\rho\sigma}|)^2 = -1,$$
$$|\alpha_{\rho\sigma}| = \frac{1}{\sqrt{-g}}$$

が存在する. したがって, V に対し次の関係式を得る:

$$V dt = V_0 ds \cdot \frac{1}{\sqrt{-g}}.$$

　これより, (7), (8)および(9)式の助けを借り, m/V_0 を ρ_0 に置き換えれば

$$\frac{J_x}{V} = -\rho_0 \sqrt{-g} \cdot \sum_\nu g_{1\nu} \frac{dx_\nu}{ds} \cdot \frac{dx_4}{ds},$$
$$-\frac{E}{V} = -\rho_0 \sqrt{-g} \cdot \sum_\nu g_{4\nu} \frac{dx_\nu}{ds} \cdot \frac{dx_4}{ds},$$

$$\frac{\mathfrak{K}_x}{V} = -\frac{1}{2}\rho_0\sqrt{-g}\cdot\sum_{\mu\nu}\frac{\partial g_{\mu\nu}}{\partial x_1}\cdot\frac{dx_\mu}{ds}\cdot\frac{dx_\nu}{ds}$$

が導かれる.

我々は,

$$\Theta_{\mu\nu} = \rho_0\frac{dx_\mu}{ds}\cdot\frac{dx_\nu}{ds}$$

が任意の変換に対して2階の反変テンソルとなることに着目する. 上述より, 運動量エネルギー則が次の形で表されると推察される.

(10) $\quad\displaystyle\sum_{\mu\nu}\frac{\partial}{\partial x_\nu}\left(\sqrt{-g}\cdot g_{\sigma\mu}\Theta_{\mu\nu}\right) - \frac{1}{2}\sum_{\mu\nu}\sqrt{-g}\cdot\frac{\partial g_{\mu\nu}}{\partial x_\sigma}\Theta_{\mu\nu}$

$\qquad = 0. \quad (\sigma = 1, 2, 3, 4)$

これらの方程式のうち, 最初の3つ$(\sigma = 1, 2, 3)$は運動量則を, 最後の1つ$(\sigma = 4)$はエネルギー則を表す. 事実, これらの方程式は任意の変換に対して共変的であることが示される[*9]. さらに, これらの方程式を流線上で積分することにより[†6], 我々が出発点とした質点の運動方程式が再び導かれる.

我々はテンソル $\Theta_{\mu\nu}$ を**物質流に対する(反変)応力エネルギーテンソル**と呼ぶ. 我々は, 方程式(10)が, 互いに相互作用しない質量の流れという特殊な場合をはるかに超えて成り立つと考える. この方程式は, 重力場と任意の物質過程の間のエネルギー収支を一般的に表し, 各物質系ごとに, 対応

する応力エネルギーテンソルを $\Theta_{\mu\nu}$ に代入するだけで，その系に対する表式が得られる．方程式の最初の和は，応力ないしエネルギー流密度の空間微分および運動量密度ないしエネルギー密度の時間微分を含んでおり，2番目の和は重力場が物質過程に対してする仕事を表す．

§5   重力場の微分方程式

重力場の関与する物質過程(力学過程，電気過程，他の諸過程)に対して運動量–エネルギー方程式を確立したが，まだ次の課題が我々に残されている．物質過程に対してテンソル $\Theta_{\mu\nu}$ が与えられたとするとき，量 g_{ik}，すなわち重力場の決定を可能とするのはどのような微分方程式であろうか？ 言い換えると，ポアソン方程式

$$\Delta\varphi = 4\pi k\rho$$

の一般化を模索することになる．

これまで扱ってきた問題と違い，この課題を解決するための完全に最適な方法は見出されていない．確かにもっともらしいが，必ずしも正しいかどうか分からない，いくつかの仮定を導入する必要がある．

求める一般化は，多分，

(11) $$\kappa\cdot\Theta_{\mu\nu} = \Gamma_{\mu\nu}$$

という形をもつだろう. ここで, κ は定数, $\Gamma_{\mu\nu}$ は基本テンソル $g_{\mu\nu}$ から微分操作により生じる 2 階反変テンソルである. ニュートン-ポアソン則と対応して, この方程式(11)が **2 階微分方程式**となることを要求するのが妥当だと思われる. しかし, この仮定の下で, $\Delta\varphi$ の一般化に相当し, かつ**任意の変換に対してテンソル**として振る舞う微分表式 $\Gamma_{\mu\nu}$ を見出すことは不可能であることが証明されるのを強調しておかなければならない[*10]. もちろん, 重力に対する厳密な方程式が最終的に 2 より高い階数をもつ可能性を前もって否定することはできない. よって, 依然として, 重力に対する完全で厳密な微分方程式が**任意の変換に対して共変的**となる可能性がある. しかし, そのような可能性についての議論を試みるのは, 重力場の物理的特性に関する我々の知識の現状からみて, 時期尚早であろう. したがって, 2 階に制限することが我々に求められており, それゆえ, 任意の変換に対して共変的であることが示される重力方程式を立てることは放棄せざるを得ない. なお, 我々は重力方程式が一般共変性をもつという, いかなる根拠も持ち合わせていないことを強調すべきであろう[*11].

ラプラス・スカラー $\Delta\varphi$ は, スカラー φ から, まずその展開[†7](勾配)を作り, 次にそれに内積型作用素(発散)を作用させることにより得られる. これら 2 つの作用素は, 任意の階数をもつ任意のテンソルへ, しかもその作用が基本変数の任意の変換に対するテンソル性を保つよう拡張可能であ

る[*12]. しかし，基本テンソル $g_{\mu\nu}$ に作用すると，値はゼロ
となる[*13]. これは，求める方程式が，ある限られた変換群
に対してのみ共変的となるであろうことを示していると思わ
れる. ただし，この群がどのようなものかは現時点では知ら
れていない.

このような状況では，古い相対性理論を考慮すると，**求め
る変換群に線形変換が含まれる**と仮定するのが自然だと思わ
れる. したがって，我々は $\Gamma_{\mu\nu}$ が任意の線形変換に関して
テンソルとなることを要求する.

さて，（変換を適用することにより）容易に次の定理が証明
される:

1. $\Theta_{\alpha\beta\cdots\lambda}$ を線形変換に関して n 階の反変テンソルとす
   るとき，

$$\sum_{\mu} \gamma_{\mu\nu} \frac{\partial \Theta_{\alpha\beta\cdots\lambda}}{\partial x_{\mu}}$$

は線形変換に関して $(n+1)$ 階のテンソルとなる（展
開）[*14].

2. $\Theta_{\alpha\beta\cdots\lambda}$ を線形変換に関して n 階の反変テンソルとす
   るとき，

$$\sum_{\lambda} \frac{\partial \Theta_{\alpha\beta\cdots\lambda}}{\partial x_{\lambda}}$$

は線形変換に関して $(n-1)$ 階のテンソルとなる（発散）.

テンソルにこれら 2 つの作用素を順番に適用すると，再
び元と同じ階数のテンソルが得られる（すでに取り扱った作

用素 Δ). 基本テンソル $\gamma_{\mu\nu}$ に適用すると

(a)
$$\sum_{\alpha\beta} \frac{\partial}{\partial x_\alpha} \left(\gamma_{\alpha\beta} \frac{\partial \gamma_{\mu\nu}}{\partial x_\beta} \right)$$

が得られる.

さらに，この作用素がラプラス作用素と親戚関係にある
ことが次の考察から分かる.（重力のない）相対性理論におい
て，

$$g_{11} = g_{22} = g_{33} = -1, \quad g_{44} = c^2, \quad g_{\mu\nu} = 0 \quad (\mu \neq \nu);$$

したがって，

$$\gamma_{11} = \gamma_{22} = \gamma_{33} = -1, \quad \gamma_{44} = \frac{1}{c^2}, \quad \gamma_{\mu\nu} = 0 \quad (\mu \neq \nu)$$

と置く.

十分弱い，すなわち $g_{\mu\nu}$ と $\gamma_{\mu\nu}$ が上で与えた値から無限
小の値だけずれているような重力場が存在しているとする
と，2次以上の項を無視することにより，(a)式の代わりに

$$- \left(\frac{\partial^2 \gamma_{\mu\nu}}{\partial x_1^2} + \frac{\partial^2 \gamma_{\mu\nu}}{\partial x_2^2} + \frac{\partial^2 \gamma_{\mu\nu}}{\partial x_3^2} - \frac{1}{c^2} \frac{\partial^2 \gamma_{\mu\nu}}{\partial x_4^2} \right)$$

を得る.

したがって，量 $\Gamma_{\mu\nu}$ がいま構成した表式の定数倍に等し
いと置き，場が静的で g_{44} のみが定数でないとすると，ニ
ュートンの重力理論が得られる.

これより，表式(a)が，定数因子を別にして，すでに求め

ている $\Delta\varphi$ の一般化となっているに違いないと考えるかもしれない。しかし，これは間違いである。それは，そのような一般化においては，それ自身がテンソルで，しかもいま上で述べたような無視を行うと消えてしまうような項が上の表式に加わる可能性があるためである。$g_{\mu\nu}$ ないし $\gamma_{\mu\nu}$ の 1 階微分の 2 個の積が現れる場合には，常にそのようなことが起きる。例えば，（線形変換に関して）2 階の共変テンソル

$$\sum_{\alpha\beta} \frac{\partial g_{\alpha\beta}}{\partial x_\mu} \cdot \frac{\partial \gamma_{\alpha\beta}}{\partial x_\nu}$$

がその例である；量 $g_{\alpha\beta}$ と $\gamma_{\alpha\beta}$ が定数から 1 次の無限小量だけずれているとき，この量自身は 2 次の無限小量となる。これより，総和が線形変換に関してテンソル性をもつという条件が満たされている限り，$\Gamma_{\mu\nu}$ において，(a) に加えて別の項が現れることを許容しなければならない。

このような項を見つけるのに，運動量エネルギー則が役立つ。そこで使われる方法をわかりやすく説明するために，まず，一般的によく知られた例に適用してみよう。

静電気学では，φ を静電ポテンシャル，ρ を電荷密度とすると，物質に移送される単位体積あたりの運動量[8] の ν 番目の成分は $-\dfrac{\partial\varphi}{\partial x_\nu}\rho$ で与えられる。この量が運動量則を常に満たすような φ の微分方程式を探すことになる[9]。よく知られているように，方程式[10]

$$\sum_\nu \frac{\partial^2\varphi}{\partial x_\nu^2} = -\rho$$

により課題が解決される．運動量則が満たされることは，恒等式

$$\sum_\mu \frac{\partial}{\partial x_\mu} \left(\frac{\partial \varphi}{\partial x_\nu} \frac{\partial \varphi}{\partial x_\mu} \right) - \frac{\partial}{\partial x_\nu} \left(\frac{1}{2} \sum_\mu \left(\frac{\partial \varphi}{\partial x_\mu} \right)^2 \right)$$

$$= \frac{\partial \varphi}{\partial x_\nu} \sum_\mu \frac{\partial^2 \varphi}{\partial x_\mu^2} \left(= -\frac{\partial \varphi}{\partial x_\nu} \cdot \rho \right)$$

より導かれる．

　したがって，運動量則が満たされれば，各 ν ごとに，次のような構造をもつ恒等式が存在しないといけない：右辺は $-\dfrac{\partial \varphi}{\partial x_\nu}$ と微分方程式の左辺の積であり，左辺は適当な関数の座標に関する微係数の和で表される．

　φ に対する微分方程式がまだ知られていない場合には，それを発見する問題を，上のような恒等式を発見する問題に帰着させることができる．ここで，求める恒等式は，**それに含まれる項の一つが分かってさえいれば導出できる**のを認識することが我々にとって肝要である．関数の積に対する微分則

$$\frac{\partial}{\partial x_\nu}(uv) = \frac{\partial u}{\partial x_\nu} v + \frac{\partial v}{\partial x_\nu} u$$

および

$$u \frac{\partial v}{\partial x_\nu} = \frac{\partial}{\partial x_\nu}(uv) - \frac{\partial u}{\partial x_\nu} v$$

を繰り返し適用することにより，最終的に何らかの関数の微分係数の形に書ける項を左辺に残し，残りを右辺に置くだけでよい．例えば，上記の恒等式の第 1 項から出発すると，

順に

$$\sum_{\mu} \frac{\partial}{\partial x_{\mu}} \left(\frac{\partial \varphi}{\partial x_{\nu}} \frac{\partial \varphi}{\partial x_{\mu}} \right)$$

$$= \sum_{\mu} \frac{\partial \varphi}{\partial x_{\nu}} \cdot \frac{\partial^2 \varphi}{\partial x_{\mu}^2} + \sum_{\mu} \frac{\partial \varphi}{\partial x_{\mu}} \cdot \frac{\partial^2 \varphi}{\partial x_{\nu} \partial x_{\mu}}$$

$$= \frac{\partial \varphi}{\partial x_{\nu}} \cdot \sum_{\mu} \frac{\partial^2 \varphi}{\partial x_{\mu}^2} + \frac{\partial}{\partial x_{\nu}} \left\{ \frac{1}{2} \sum_{\mu} \left(\frac{\partial \varphi}{\partial x_{\mu}} \right)^2 \right\}$$

を得る．これより，並べ替えにより上記の恒等式が得られる．

　さて，我々の問題に戻ろう．方程式(10)より，

$$\frac{1}{2} \sum_{\mu\nu} \sqrt{-g} \cdot \frac{\partial g_{\mu\nu}}{\partial x_{\sigma}} \Theta_{\mu\nu} \quad (\sigma = 1, 2, 3, 4)$$

が，重力場から物質の単位体積あたりに移送される運動量[†11]（およびエネルギー）を表すことが分かる．これがエネルギー運動量則を満たすためには，重力方程式

$$\kappa \cdot \Theta_{\mu\nu} = \Gamma_{\mu\nu}$$

に現れ，基本テンソル $\gamma_{\mu\nu}$ の微分式となる $\Gamma_{\mu\nu}$ は，式

$$\frac{1}{2\kappa} \sum_{\mu\nu} \sqrt{-g} \cdot \frac{\partial g_{\mu\nu}}{\partial x_{\sigma}} \Gamma_{\mu\nu}$$

が適当な関数の微分係数の和の形に変形できるように選ばれなければならない．一方，求める $\Gamma_{\mu\nu}$ の表式に項(a)が現れることは知っている．したがって，求める恒等式は以下のような形をもつ：

微係数の和

$$= \frac{1}{2} \sum_{\mu\nu} \sqrt{-g} \cdot \frac{\partial g_{\mu\nu}}{\partial x_\sigma} \times \left\{ \sum_{\alpha\beta} \frac{\partial}{\partial x_\alpha} \left(\gamma_{\alpha\beta} \frac{\partial \gamma_{\mu\nu}}{\partial x_\beta} \right) \right.$$

$$\left. + 1 \text{ 次近似では省略される項} \right\}.$$

これにより，求める恒等式が一義的に決まってしまう；いま概説した方法[15]に従うと，次の恒等式を得る：

$$(12) \quad \begin{cases} \displaystyle\sum_{\alpha\beta\tau\rho} \frac{\partial}{\partial x_\alpha} \left(\sqrt{-g} \cdot \gamma_{\alpha\beta} \frac{\partial \gamma_{\tau\rho}}{\partial x_\beta} \cdot \frac{\partial g_{\tau\rho}}{\partial x_\sigma} \right) \\[2mm] \quad - \frac{1}{2} \displaystyle\sum_{\alpha\beta\tau\rho} \frac{\partial}{\partial x_\sigma} \left(\sqrt{-g} \cdot \gamma_{\alpha\beta} \frac{\partial \gamma_{\tau\rho}}{\partial x_\alpha} \cdot \frac{\partial g_{\tau\rho}}{\partial x_\beta} \right) \\[2mm] = \displaystyle\sum_{\mu\nu} \sqrt{-g} \cdot \frac{\partial g_{\mu\nu}}{\partial x_\sigma} \\[2mm] \quad \times \left\{ \displaystyle\sum_{\alpha\beta} \frac{1}{\sqrt{-g}} \cdot \frac{\partial}{\partial x_\alpha} \left(\gamma_{\alpha\beta} \sqrt{-g} \cdot \frac{\partial \gamma_{\mu\nu}}{\partial x_\beta} \right) \right. \\[2mm] \quad - \displaystyle\sum_{\alpha\beta\tau\rho} \gamma_{\alpha\beta} g_{\tau\rho} \frac{\partial \gamma_{\mu\tau}}{\partial x_\alpha} \frac{\partial \gamma_{\nu\rho}}{\partial x_\beta} \\[2mm] \quad + \frac{1}{2} \displaystyle\sum_{\alpha\beta\tau\rho} \gamma_{\alpha\mu} \gamma_{\beta\nu} \frac{\partial g_{\tau\rho}}{\partial x_\alpha} \frac{\partial \gamma_{\tau\rho}}{\partial x_\beta} \\[2mm] \quad \left. - \frac{1}{4} \displaystyle\sum_{\alpha\beta\tau\rho} \gamma_{\mu\nu} \gamma_{\alpha\beta} \frac{\partial g_{\tau\rho}}{\partial x_\alpha} \frac{\partial \gamma_{\tau\rho}}{\partial x_\beta} \right\}. \end{cases}$$

これより，右辺の中括弧で囲まれた部分が，重力方程式

$$\kappa \Theta_{\mu\nu} = \Gamma_{\mu\nu}$$

に登場する求めるテンソル $\Gamma_{\mu\nu}$ の表式となる．この方程式

をよりよく理解できるよう，次の略記法を導入する：

$$(13) \qquad -2\kappa \cdot \vartheta_{\mu\nu} = \sum_{\alpha\beta\tau\rho} \left(\gamma_{\alpha\mu}\gamma_{\beta\nu} \frac{\partial g_{\tau\rho}}{\partial x_\alpha} \cdot \frac{\partial \gamma_{\tau\rho}}{\partial x_\beta} \right.$$
$$\left. - \frac{1}{2} \gamma_{\mu\nu}\gamma_{\alpha\beta} \frac{\partial g_{\tau\rho}}{\partial x_\alpha} \frac{\partial \gamma_{\tau\rho}}{\partial x_\beta} \right).$$

$\vartheta_{\mu\nu}$ を，**「重力場の反変応力エネルギーテンソル」**と呼ぶことにする．これに双対な共変テンソルを $t_{\mu\nu}$ で表す．すると，その表式は

$$(14)$$
$$-2\kappa \cdot t_{\mu\nu} = \sum_{\alpha\beta\tau\rho} \left(\frac{\partial g_{\tau\rho}}{\partial x_\mu} \frac{\partial \gamma_{\tau\rho}}{\partial x_\nu} - \frac{1}{2} g_{\mu\nu}\gamma_{\alpha\beta} \frac{\partial g_{\tau\rho}}{\partial x_\alpha} \frac{\partial \gamma_{\tau\rho}}{\partial x_\beta} \right)$$

となる．

同様に，略記のために，基本テンソル γ および g に作用する微分作用素に対し，次の記号を導入する：

$$(15) \quad \Delta_{\mu\nu}(\gamma) = \sum_{\alpha\beta} \frac{1}{\sqrt{-g}} \cdot \frac{\partial}{\partial x_\alpha} \left(\gamma_{\alpha\beta}\sqrt{-g} \cdot \frac{\partial \gamma_{\mu\nu}}{\partial x_\beta} \right)$$
$$- \sum_{\alpha\beta\tau\rho} \gamma_{\alpha\beta} g_{\tau\rho} \frac{\partial \gamma_{\mu\tau}}{\partial x_\alpha} \frac{\partial \gamma_{\nu\rho}}{\partial x_\beta},$$

および

$$(16) \quad D_{\mu\nu}(g) = \sum_{\alpha\beta} \frac{1}{\sqrt{-g}} \cdot \frac{\partial}{\partial x_\alpha} \left(\gamma_{\alpha\beta}\sqrt{-g} \cdot \frac{\partial g_{\mu\nu}}{\partial x_\beta} \right)$$
$$- \sum_{\alpha\beta\tau\rho} \gamma_{\alpha\beta}\gamma_{\tau\rho} \frac{\partial g_{\mu\tau}}{\partial x_\alpha} \frac{\partial g_{\nu\rho}}{\partial x_\beta}.$$

これらの作用素は，いずれも，再び(線形変換に関して)同じ振る舞いをするテンソルを与える.

これらの記号を用いると，恒等式(12)は次の形で表される:

(12a) $\sum_{\mu\nu} \dfrac{\partial}{\partial x_\nu} \{ \sqrt{-g} \cdot g_{\sigma\mu} \cdot \kappa\vartheta_{\mu\nu} \}$

$\qquad = \dfrac{1}{2} \sum_{\mu\nu} \sqrt{-g} \cdot \dfrac{\partial g_{\mu\nu}}{\partial x_\sigma} \{ -\Delta_{\mu\nu}(\gamma) + \kappa\vartheta_{\mu\nu} \}$

または

(12b) $\sum_{\mu\nu} \dfrac{\partial}{\partial x_\nu} \{ \sqrt{-g} \cdot \gamma_{\mu\nu} \cdot \kappa t_{\mu\sigma} \}$

$\qquad = \dfrac{1}{2} \sum_{\mu\nu} \sqrt{-g} \cdot \dfrac{\partial \gamma_{\mu\nu}}{\partial x_\sigma} \{ -D_{\mu\nu}(g) - \kappa t_{\mu\nu} \}.$

物質に対する保存方程式(10)と重力場に対する保存方程式(12a)を

(10) $\qquad \sum_{\mu\mu} \dfrac{\partial}{\partial x_\nu} \left(\sqrt{-g} \cdot g_{\sigma\mu} \cdot \Theta_{\mu\nu} \right)$

$\qquad\qquad - \dfrac{1}{2} \sum_{\mu\nu} \sqrt{-g} \cdot \dfrac{\partial g_{\mu\nu}}{\partial x_\sigma} \cdot \Theta_{\mu\nu} = 0$

(12c) $\qquad \sum_{\mu\nu} \dfrac{\partial}{\partial x_\nu} \left(\sqrt{-g} \cdot g_{\sigma\mu} \cdot \vartheta_{\mu\nu} \right)$

$\qquad\qquad - \dfrac{1}{2} \sum_{\mu\nu} \sqrt{-g} \cdot \dfrac{\partial g_{\mu\nu}}{\partial x_\sigma} \cdot \vartheta_{\mu\nu}$

$\qquad\qquad = -\dfrac{1}{2\kappa} \sum_{\mu\nu} \sqrt{-g} \cdot \dfrac{\partial g_{\mu\nu}}{\partial x_\sigma} \cdot \Delta_{\mu\nu}(\gamma)$

と書くと[†12]，重力場の応力エネルギーテンソル $\vartheta_{\mu\nu}$ は，物質過程に対する保存則におけるテンソル $\Theta_{\mu\nu}$ と全く同じ形で，重力場に対する保存則に現れることが分かる．これは，2つの法則の導出過程の違いを考えると，注目すべき事態である．

　方程式(12a)より，重力方程式に現れる微分テンソルの表式として，

(17) $$\Gamma_{\mu\nu} = \Delta_{\mu\nu}(\gamma) - \kappa \cdot \vartheta_{\mu\nu}$$

が得られる．

　したがって，重力方程式(11)は

(18) $$\Delta_{\mu\nu}(\gamma) = \kappa(\Theta_{\mu\nu} + \vartheta_{\mu\nu})$$

と書かれる．

　これらの方程式は，我々の考えでは，重力の相対性理論に課されるべき要請を満たしている：すなわち，それらは，重力場に対するテンソル $\vartheta_{\mu\nu}$ が，物質過程に対するテンソル $\Theta_{\mu\nu}$ と同じように，場を生成することを示している．他のすべての種類のエネルギーに対して，重力のエネルギーが特別な位置づけにあるとすると，もちろん受け入れがたい結論に導かれるであろう．

　方程式(10)と(12a)を足し，方程式(18)を考慮すると，

(19) $$\sum_{\mu\nu} \frac{\partial}{\partial x_\nu} \left\{ \sqrt{-g} \cdot g_{\sigma\mu} (\Theta_{\mu\nu} + \vartheta_{\mu\nu}) \right\} = 0$$

$$(\sigma = 1, 2, 3, 4)$$

が得られる.

　これより，物質と重力場を合わせた全体では，保存則が成り立つことが分かる.

　これまでの記述では，もっぱら反変テンソルを用いたが，これは内部相互作用のない物質の流れに対する応力エネルギーテンソルが特に簡単に表されるためであった．しかし，これまでに得られた基本関係式を共変テンソルを用いて同じように簡単な形で表すことは可能である．そのために，我々は，物質過程に対する応力エネルギーテンソルとして，$\Theta_{\mu\nu}$ の代わりに，$T_{\mu\nu} = \sum_{\alpha\beta} g_{\mu\alpha} g_{\nu\beta} \Theta_{\alpha\beta}$ を基礎とする．各項ごとの変形により，方程式(10)の代わりに，

(20) $$\sum_{\mu\nu} \frac{\partial}{\partial x_\nu} \left(\sqrt{-g} \cdot \gamma_{\mu\nu} T_{\mu\sigma} \right)$$

$$+ \frac{1}{2} \sum_{\mu\nu} \sqrt{-g} \cdot \frac{\partial \gamma_{\mu\nu}}{\partial x_\sigma} \cdot T_{\mu\nu} = 0$$

を得る．この方程式と(16)式より，重力場の方程式が，

(21) $$-D_{\mu\nu}(g) = \kappa \left(t_{\mu\nu} + T_{\mu\nu} \right)$$

という形にも書けることが分かる．この方程式は(18)式より直接導くこともできる．(19)式と対応して，関係式

(22)　　　$\displaystyle\sum_{\mu\nu}\frac{\partial}{\partial x_\nu}\left\{\sqrt{-g}\cdot\gamma_{\sigma\mu}\left(T_{\mu\nu}+t_{\mu\nu}\right)\right\}=0$

が成り立つ[†13].

§6　重力場の物理過程，特に電磁過程への影響

運動量とエネルギーは，すべての物理過程において何らかの役割を果たすが，これらはそれ自身が重力場を決定すると同時に重力場から影響も受けるので，重力場を定める量である $g_{\mu\nu}$ はすべての物理の方程式に現れなければならない．実際，我々は，質点の運動は，

$$\delta\left\{\int ds\right\}=0$$

により決定されるのを見た．ここで，

$$ds^2=\sum_{\mu\nu}g_{\mu\nu}dx_\mu dx_\nu$$

である．ds は任意の変換に対して不変量となる．我々が求める方程式は，何らかの物理過程に対しその進行を決定するものであるが，これらの方程式はその共変性が ds の不変性より導かれるような作りのものでなければならない．

しかし，この一般的な課題を追求すると，まず，一つの原理的困難に突き当たる．我々は，求める方程式がどの変換群に関して共変的とならないといけないのかを知らない．まず，最も自然だと思われるのは，**任意の変換に対し方程式系**

が共変的となるのを要求することである．しかし，すると，
我々が立てた重力場の方程式がそのような性質をもたない
ことと矛盾する．我々は，重力方程式に関して，それらが任
意の**線形**変換に対して共変的であることだけは証明できた．
しかし，方程式の共変性を保つ，より一般的な変換群が存在
するかどうか，我々は知らない．方程式系(18)ないし(21)
に対してそのような群が存在するか否かは，ここで述べた議
論に関わる最も重要な問題である．いずれにしても，理論の
現状では，我々が任意の変換に関する共変性を物理方程式系
に対して要求する根拠はない．

しかし一方で，我々は，物質過程に対して，任意の変換に
対して共変的なエネルギー運動量収支の方程式(§4，方程式
(10))を立てることができるのを見た．したがって，重力方
程式を除いて，すべての物理方程式系が任意の変換に対して
共変的な形で定式化されることを前提とするのが自然だと思
われる．他のすべての系に対する重力方程式のこのような例
外的な位置は，私の意見では，この方程式のみが基本テンソ
ルの成分の2階導関数を含むことが許されることと密接に
関連している．

このような方程式系を立てるためには，第II部〔本論文の
「数学の部」；本書未収録〕で説明されているような一般化さ
れたベクトル解析という補助手段が必要となる．

ここでは，我々は，真空での電磁場の方程式を，この方法
でどのようにして見出したかということについて述べるに

とどめよう*16. 我々は，電荷を不変なものと見なすことから出発する．勝手な運動をする無限小の物体が電荷 e をもち，共に運動する物体に対して体積（固有体積）dV_0 を占めているとする．我々は，電荷密度を $\dfrac{e}{dV_0} = \rho_0$ により定義する：定義より，これはスカラー量となる．これより，

$$\rho_0 \frac{dx_\nu}{ds} \quad (\nu = 1, 2, 3, 4)$$

は反変4元ベクトルとなる．我々は，座標に基づく電荷密度 ρ を

$$\rho_0 dV_0 = \rho dV$$

と定義することにより，この式を変形する．§4 で導いた方程式

$$dV_0 ds = \sqrt{-g} \cdot dV \cdot dt$$

を用いると，

$$\rho_0 \frac{dx_\nu}{ds} = \frac{1}{\sqrt{-g}} \rho \frac{dx_\nu}{dt},$$

すなわち電流を表す反変ベクトルを得る．

　我々は電磁場を反対称†14 2階反変テンソル $\varphi_{\mu\nu}$（6元ベクトル）で表し，その「双対」2階反変テンソル $\varphi_{\mu\nu}^*$ を，第II部 §3〔本書未収録〕で説明されている方法により定義する（(42)式）†15. 反対称2階反変テンソルの発散は，第II部 §3 の(40)式より

$$\frac{1}{\sqrt{-g}} \sum_{\nu} \frac{\partial}{\partial x_{\nu}} \left(\sqrt{-g} \cdot \varphi_{\mu\nu} \right)$$

で与えられる.

　マクスウェル-ローレンツの場の方程式の一般化にあたる方程式を

$$(23) \qquad \sum_{\nu} \frac{\partial}{\partial x_{\nu}} \left(\sqrt{-g} \cdot \varphi_{\mu\nu} \right) = \rho \frac{dx_{\mu}}{dt}, \quad (dt=dx_4)$$

$$(24) \qquad \sum_{\nu} \frac{\partial}{\partial x_{\nu}} \left(\sqrt{-g} \cdot \varphi_{\mu\nu}^{*} \right) = 0$$

と置く. すると, 明らかに共変的となる.

$$\sqrt{-g} \cdot \varphi_{23} = \mathfrak{H}_x, \quad \sqrt{-g} \cdot \varphi_{31} = \mathfrak{H}_y, \quad \sqrt{-g} \cdot \varphi_{12} = \mathfrak{H}_z;$$

$$\sqrt{-g} \cdot \varphi_{14} = -\mathfrak{E}_x, \quad \sqrt{-g} \cdot \varphi_{24} = -\mathfrak{E}_y, \quad \sqrt{-g} \cdot \varphi_{34} = -\mathfrak{E}_z;$$

〔$\mathfrak{H}$, $\mathfrak{E}$ は H, E のフラクトゥール体〕および

$$\rho \frac{dx_{\mu}}{dt} = u_{\mu}$$

と置くと, 方程式系(23)の詳細な表式は

$$\frac{\partial \mathfrak{H}_z}{\partial y} - \frac{\partial \mathfrak{H}_y}{\partial z} - \frac{\partial \mathfrak{E}_x}{\partial t} = u_x$$

$$\cdots$$

$$\frac{\partial \mathfrak{E}_x}{\partial x} + \frac{\partial \mathfrak{E}_y}{\partial y} + \frac{\partial \mathfrak{E}_z}{\partial z} = \rho$$

となり, 単位系を別にして, 第1マクスウェル方程式系と一致する. 第2の方程式系を構成するために, まず, $\sqrt{-g} \cdot$

$\varphi_{\mu\nu}$ の成分

$$\mathfrak{H}_x,\ \mathfrak{H}_y,\ \mathfrak{H}_z,\ -\mathfrak{E}_x,\ -\mathfrak{E}_y,\ -\mathfrak{E}_z$$

に補テンソル $f_{\mu\nu}$ の成分

$$-\mathfrak{E}_x,\ -\mathfrak{E}_y,\ -\mathfrak{E}_z,\ \mathfrak{H}_x,\ \mathfrak{H}_y,\ \mathfrak{H}_z$$

が対応することに注意する(第 II 部 §3, (41a)式)[†16]. 重力場がない場合には, これより第 2 の方程式系, すなわち方程式(24)が

$$-\frac{\partial \mathfrak{E}_z}{\partial y} + \frac{\partial \mathfrak{E}_y}{\partial z} - \frac{1}{c^2}\frac{\partial \mathfrak{H}_x}{\partial t} = 0$$

$$\cdots$$

$$\frac{1}{c^2}\frac{\partial \mathfrak{H}_x}{\partial x} + \frac{1}{c^2}\frac{\partial \mathfrak{H}_y}{\partial y} + \frac{1}{c^2}\frac{\partial \mathfrak{H}_z}{\partial z} = 0$$

という形で得られる[†17].

　これにより, 上で立てた方程式が実際に, 通常の相対性理論での対応物の一般化となっていることが示された.

§7　重力場はスカラーに帰着可能か？

　本論文で提唱した重力理論は明らかに複雑なので, 重力場がスカラー $\varPhi$ に帰着されるという, これまで唯一支持されてきた見解が, 唯一の合理的で正当なものなのかという問いを真剣に検討しなければならない. 我々はこの問いに対して

は否定的な答えを与えざるを得ないと信じるが，その理由を簡単に説明しよう．

スカラーにより重力場を記述しようとすると，これまでに我々が用いたものと全く類似した方法が思いつく．質点に対するハミルトン形式での運動方程式を

$$\delta \left\{ \int \Phi ds \right\} = 0$$

と置く．ここで，ds は通常の相対性理論での4次元線素，Φ はスカラーである．そして，通常の相対性理論の枠組みから離れることなく，これまでと全く同じ道を進む．

ここでもまた，任意の種類の物質過程は，ある応力エネルギーテンソル $T_{\mu\nu}$ により特徴づけられる．しかし，いま採用している観点では，ある**スカラー**が重力場と物質過程の間の相互作用を決定する．ラウエ氏〔M. von Laue〕が指摘したように，このスカラーの唯一の候補は

$$\sum_{\mu} T_{\mu\mu} = P$$

である．このスカラーを私は「ラウエのスカラー」と呼ぶことにする*17．すると，ここでも，ある程度までは慣性質量と重力質量の等価性の法則を満足させることができる．すなわち，ラウエ氏は，私に，孤立系に対しては

$$\int P dV = \int T_{44} d\tau$$

となることを指摘した．これより，この観点でも，孤立系の

重量はその全エネルギーにより決まることが示される.

　しかし, 孤立していない系の重量は系を支配している応力テンソルの直交成分 T_{11} 等に依存する. 以下の空洞中の電磁放射の例が示すように, これより, 私には受け入れがたい結論が得られる.

　周知のように, 真空中での電磁放射に対して P はゼロとなる. 電磁放射が質量をもたない鏡で覆われた箱に閉じ込められたとすると, 壁に引っ張り応力が生じ, その結果, 全体として系に, 放射のエネルギー E に相当する重力質量 $\int P d\tau$ を与える.

　これに対し, 今度は, 空の箱に閉じ込められた電磁放射の代わりに,
1. しっかりと固定されたシリンダーの反射壁 S,
2. 棒でしっかりと結合され, 鉛直方向に自由に動ける 2 枚の反射壁 W_1, W_2

により囲われた電磁放射を考える〔図参照〕.

　この場合の可動系の重力質量 $\int P d\tau$ は, 全体として自由に動ける箱の場合に生じる値の 3 分の 1 にしかならない. したがって, 電磁放射を重力に逆らって上に持ち上げるには, 最初に考察した, 箱に閉じ込められた放射の場合と比べて, 3 分の 1 の仕事しか消費しないことになる. これは私には受け入れがたいと思われる.

　もちろん, そのような理論は棄却すべきであるという私の主張の最大の根拠は, 相対性は, 線形直交変換に限らず, ず

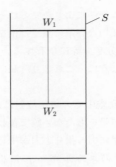

っと大きな変換群に対しても成り立つという信念であることを認めざるを得ない．しかし，我々の重力方程式が共変的となる(最も一般的な)変換群を見出すことができなかったので，この議論が妥当だとする権利は我々にはもはやない．

原 注

*1　A. Einstein, *Ann. d. Physik* 4, 35, p. 898 (1911); 4, 38, p. 355 (1912); 4, 38, p. 443 (1912). 〔関連論文リスト [11][12][13]〕

*2　B. Eötvös, *Mathematische und naturwissenschaftliche Berichte aus Ungarn* VIII （1890）. Wiedemann, Beiblätter XV, p. 688 (1891)[†18].

*3　放出エネルギー E に対応する慣性質量の減少は，周知のように，c を光速として E/c^2 となる．

*4　本論文の §7 も参照．

*5　次の論文を参照：M. Planck, *Verh. d. Deutsch. Phys. Ges.* p. 136 (1906). 〔関連論文リスト [6]〕

*6　第 II 部 §1 参照.

*7　第 II 部 §1 参照.

*8　例えば, 次を参照：A. Einstein, *Ann. d. Phys.* 4, 35,
　　pp. 903-. 〔関連論文リスト[11]〕

*9　本論文の第 II 部 §4, no. 1 参照.

*10　第 II 部 §4, no. 2 参照.

*11　これに関しては, さらに §6 の冒頭の議論を参照.

*12　第 II 部 §2.

*13　第 II 部 §2, p. 28 のコメント参照.

*14　$\gamma_{\mu\nu}$ は $g_{\mu\nu}$ の逆行列と一致する反変テンソルである(第
　　II 部 §1).

*15　第 II 部 §4, no. 3 参照.

*16　p. 23〔第 II 部：本書未収録〕で引用されているコトラー
　　〔F. Kottler〕の論文[†19] の §3 参照.

*17　第 II 部 §1 の最後の式を参照.

訳　注

†1　空間(あるいは時空)の次元 n に等しい数の成分をもつ量
　　の組であるベクトル V_i $(i=1,\cdots,n)$ を, n のベキ乗個の成
　　分をもつ量の組に一般化したものがテンソルである. 例
　　えば, 成分の数が n^2 なら2個の添え字をもつ記号 T_{ij} で
　　表され, 2階テンソルと呼ばれる. 成分数が n^3 なら3個
　　の添え字をもつ記号 S_{ijk} で表され, 3階テンソルと呼ば
　　れる. ただし, 空間(時空)の座標変換に対して, ベクトル
　　が $V_i \rightarrow V'_i = \sum_j \Lambda_i{}^j V_j$ と変換するとき, k 階テンソルは
　　その k 個の積 $V_{i_1} V_{i_2} \cdots V_{i_k}$ と同じ変換則に従うことを要請
　　する. また, 一般に多様体において, 無限小座標ベクトル
　　dx^i が $dx'^i = \sum_j \Lambda^i{}_j dx^j$ と変換するとき, 各点において
　　dx^i と同じ変換をするベクトルは「反変ベクトル(場)」, そ
　　の双対ベクトル ∂_i と同じ変換則 $\partial'_i = \sum_j (\Lambda^{-1})^j{}_i \partial_j$ に従

うベクトルは「共変ベクトル(場)」と呼ばれ，物理関係の分野では，しばしば，前者は V^i のように上付きの添え字で，後者は W_i のように下付きの添え字で表される．対応して，テンソルも上付きの添え字は反変ベクトルと，下付きの添え字は共変ベクトルと同じ変換則に従うものと約束し，反変添え字のみをもつものは「反変テンソル(場)」，共変添え字のみをもつものは「共変テンソル(場)」，両者が混在するものは「混合テンソル(場)」と呼ぶ．

†2 アインシュタインは，このような物質を一貫して "inkohärante Masse" と呼んでいる．本書では，この言葉を「内部相互作用のない物質」と訳すことにする．

†3 現在では，H はラグランジュ関数と呼ばれ，通常 L という記号で表される．

†4 タイポを修正：(2)の第1式において，$m\dfrac{\partial H}{\partial \dot{x}} \to \dfrac{\partial H}{\partial \dot{x}}$.

†5 タイポを修正：(7)式の右辺の分子において，$d_1 x \to dx_1$.

†6 正確には，1粒子のみからなる局在化した流れを考え，流線に横断的な時間一定面で積分することにより，1粒子の運動方程式が導かれる．

†7 原文では "Erweiterung" という単語が使われている．この言葉は，第 II 部§2で階数 r のテンソルからその共変微分により $(r+1)$ 階のテンソルを作る操作として定義されているが，少なくとも現在は一般的に使われる用語ではない．

†8 正しくは，単位時間あたりに移送される運動量．

†9 ここで言う「運動量則」とは，作用反作用の法則により，全系の運動量の総和が保存されること，したがって，物質の各構成要素に移送される運動量の総和，いまの場合 $-\rho\partial\varphi/\partial x_\nu$ の空間積分がゼロとなることを意味する．

†10 タイポを修正：右辺において $\rho \to -\rho$.

†11 正しくは，単位時間あたりに移送される運動量．

†12 タイポを修正：(12c)式の左辺第2項の分母において，

$x_\mu \rightarrow x_\sigma$.

†13　タイポを修正：(22)式において，和をとる変数を $\nu \rightarrow \mu\nu$ と置き換えた．

†14　原文では "speziell" という形容詞が使われている．第 II 部において，それが「反対称」テンソルを意味すると定義されており，この用語は現在では一般的でないので，ここでは「反対称」と訳した．

†15　現代の記法では，$\epsilon_{\mu\nu\lambda\sigma}$ をレヴィ=チヴィタテンソル(4階完全反対称テンソル)として，$\varphi^*_{\mu\nu} = 1/2\epsilon^{\mu\nu\alpha\beta}\varphi_{\alpha\beta}$ である．

†16　第 II 部において，反変テンソルに双対な共変テンソルを "Ergänzung"，それを計量で再び反変テンソルに変えたものを "dual Tensor"（双対テンソル）と定義している．この区別を尊重して，ここでは "Ergänzung" を「補テンソル」と訳した．この用語は現在は一般的でない．

†17　タイポを修正：第 1 式の第 1 項の分母において，$x \rightarrow y$ と置き換え，第 2 式の，第 2 項の分母において $t \rightarrow y$ と置き換え，第 2 式全体を (-1) 倍．

†18　エトヴェシュの正式ハンガリー名は Vásárosnaményi báró Eötvös Loránd Ágoston で，通常 Eötvös Loránd と略記されるが，英語では Baron Roland von Eötvös とも表記される．引用文献の原典では Eötvös, Roland Baron と書かれているので，著者名のイニシャル B は Baron を略したものと思われる．

†19　Kottler, F.: *Über die Raumzeitlinien der Minkowskischen Welt*, Wien. Ber. 121 (1912).

「一般化された相対性理論と重力理論の草案」へのコメント

訳者解説

　論文「一般化された相対性理論と重力理論の草案」において導かれた重力場の方程式が一般共変性をもたないことを正当化する議論を展開している．要点は，理論が共変的とすると，ある時空解に対し時空のある物質が存在しない有界領域内で座標変換することにより，同じ物質分布と同じ境界条件をもつ別の解が得られることになるので，境界値問題に対する解の一意性が成り立たなくなるというものである．この議論は "hole argument" と呼ばれ，アインシュタインが共変的な重力場の方程式に達する際の大きな障害となった．この障害を克服するには，一般共変的理論では，素朴な解の一意性は成り立たないことを認識することが必要であった．

「一般化された相対性理論と重力理論の草案」へのコメント

A. アインシュタイン

A. Einstein "Bemerkungen zu 'Entwurf Einer Verallgemeinerten Relativitätstheorie und Einer Theorie Der Gravitation'"

Zeitschrift für Mathematik und Physik 62, pp. 260-261 （1914）

§5 と §6 について. 論文を執筆した時点で，我々は，一般的な，すなわち任意の変換に対して共変的となる重力場の方程式を立てることに成功していないのは，理論の欠陥であると感じていた．しかし，私はその後，$\Theta_{\mu\nu}$ から $\gamma_{\mu\nu}$ を一意的に決定し，かつ**一般的な**共変性をもつ方程式は決して存在し得ないことを発見した．その証明は以下の通りである．

我々の 4 次元多様体に，「物質過程」が起きず，したがって $\Theta_{\mu\nu}$ がゼロとなる領域 L が存在するとしよう．我々の仮定によると，$\gamma_{\mu\nu}$ は至るところ，したがって L の内部でも，L の外側で与えられた $\Theta_{\mu\nu}$ により完全に決まってしまう．ここで，出発点で用いた座標 x_ν の代わりに，次のような新たな座標 x'_ν を導入するとする：L の外では至るところ $x_\nu = x'_\nu$ だが，内側では，少なくとも L の一部においてある ν に対して $x_\nu \neq x'_\nu$ となる．このような変換により，少

なくとも L のある部分で $\gamma'_{\mu\nu} \neq \gamma_{\mu\nu}$ となることは明らかである．他方で，至るところ $\Theta'_{\mu\nu} = \Theta_{\mu\nu}$ となる：詳しくは，L の外部では $x'_\nu = x_\nu$ となることより，一方 L の内部では $\Theta_{\mu\nu} = 0 = \Theta'_{\mu\nu}$ よりこの等式が成り立つ．これより，いま考えているケースでは，すべての変換が許容される場合には，同じ $\Theta_{\mu\nu}$ の系に対して2つ以上の $\gamma_{\mu\nu}$ が対応することになる．

したがって，論文で行ったように，$\gamma_{\mu\nu}$ が $\Theta_{\mu\nu}$ により完全に決まるという要請に固執すると，基準系の選択肢を制限せざるを得なくなる．我々の論文では，この制限は，物質過程と重力場を合わせた系に対して保存則が成り立つこと，すなわち(19)式の形の4個の方程式が成り立つのを要請したことから生じた．重力方程式(18)は§5において，まさにこれらの要請から導かれている．

方程式(19)は**線形**変換に対してのみ共変的なので，論文で展開した理論においては**線形変換**のみが許される変換とされるべきである．したがって，そのような保存則の成り立つ系の座標軸を「直線」，座標面を「平面」と呼ぶことができる．我々の理論によると，例えば通常の相対性理論における光線のように，直線の直接的なモデルとなる物体や物理過程が存在しないにもかかわらず，保存則が我々に直線を物理的に定義することを可能とすることは大いに注目に値する．

§4 と §5 について．　混合テンソルを導入すると，理論の

基礎方程式は特に見通しの良い形をとる.

$$\mathfrak{T}_{\sigma\nu} = \sum_{\mu} \sqrt{-g}\, g_{\sigma\mu}\Theta_{\mu\nu}, \quad \mathfrak{t}_{\sigma\nu} = \sum_{\mu} \sqrt{-g}\, g_{\sigma\mu}\vartheta_{\mu\nu},$$

と置くと〔$\mathfrak{T}$, $\mathfrak{t}$ は,T, t のフラクトゥール体〕,(10)式の代わりに

$$\sum_{\nu} \frac{\partial \mathfrak{T}_{\sigma\nu}}{\partial x_\nu} = \frac{1}{2} \sum_{\mu\nu\tau} \frac{\partial g_{\mu\nu}}{\partial x_\sigma}\gamma_{\mu\tau}\mathfrak{T}_{\tau\nu}$$

を得る.(19)式は

$$\sum_{\nu} \frac{\partial}{\partial x_\nu}\left(\mathfrak{T}_{\sigma\nu} + \mathfrak{t}_{\sigma\nu}\right) = 0$$

に,重力場に対する方程式(18)は

$$\sum_{\alpha\beta\mu} \frac{\partial}{\partial x_\alpha}\left(\sqrt{-g}\,\gamma_{\alpha\beta}g_{\sigma\mu}\frac{\partial \gamma_{\mu\nu}}{\partial x_\beta}\right) = \kappa\left(\mathfrak{T}_{\sigma\nu} + \mathfrak{t}_{\sigma\nu}\right)$$

に書き換えられる.

§7 について. §7 において重力のスカラー理論(ノルドストレム理論)について異議を唱えたが,これは十分な根拠をもたないことが明らかとなった.物体の広がりが適切に重力ポテンシャルに依存するようにすれば,この批判は回避できる.1913 年の年末に *Phys. Zeitschrift* 誌に掲載される,このテーマに関する著者による講演に,これについての詳細が述べられている[†1].

訳　注

†1　ウィーンで開催された第85回ドイツ自然科学者・医学者学会総会における講演．"Zum gegenwärtigen Stande des Gravitationsproblems"（重力の問題の現状について）*Physikalische Zeitschrift* 14, pp. 1249-1262（1913）［掲載論文5］．

掲載論文5

重力の問題の現状について

訳者解説

　本論文は，1913 年 9 月 23 日にウィーンで開催された第 85 回ドイツ自然科学者・医学者学会総会において行われた，アインシュタインによるレビュー講演とそれに続く質疑の記録である．この講演でアインシュタインは，彼の重力理論に対する理念に基づいて，ノルドストレム（G. Nordström）によるスカラー型重力理論とアインシュタインがグロスマン（M. Grossmann）と共同で提案したテンソル型重力理論（Entwurf 理論）を取り上げ，その内容を概観するとともに，両理論の比較と観測による検証についての考察を行っている．アインシュタインの講演自体は 2 つの理論に限定されているが，質疑では，当時提案されていた他の重力理論との比較も議論されている．

　論文の構成は以下の通りである．まず，§1 において歴史的背景に簡単に触れた後，§2 において重力理論が満たすべき要請として次の 4 つを挙げ，その内容と根拠を議論している：(1)エネルギー運動量保存則の成立，(2)慣性質量と重力質量の一致，(3)一般化された相対性原理，(4)観測量で表された局所自然法則の重力への非依存性．これに続き，§3 でまず，ノルドストレム理論について，変分原理を出発点としてその概要を紹介し，この理論が 4 つの要請をすべて満たすことを述べている．

　次に §4 において，相対性原理を慣性系からより一般の系

に拡大する理由を，要請(2)に基づいて議論したあと，§5〜
§7において，テンソル型重力理論であるEntwurf理論の概
要を紹介している．特に，§6では，計量をもつ多様体にお
ける微分幾何学的手法，特にテンソルを用いることにより，
特殊相対性理論の諸法則から重力場の物質への作用を表す一
般共変的な方程式を自動的に導くことができること(対応原
理)を説明している．一方で，重力を含む全系に対して要請
(1)を課すと，重力場の方程式が一般共変性をもつことがで
きないという議論を展開している．この議論は正しくなく，
当時アインシュタインが正しい重力場の方程式に到達するう
えで大きな妨げになっていた要因の一つと思われる．これを
受けて，§7では，要請(1)の成立を手がかりにして得た，線
形変換に対してのみ共変的な重力場の方程式を紹介してい
る．

　以上の定式化に基づいて，§8では，ニュートン理論との
対応の解析を行い，それに続いて重力場中での光速不変性の
破れおよびそれに伴う光線の偏向について議論している．さ
らに，§9では，慣性質量およびエネルギーに対する重力ポ
テンシャルの寄与の計算とポストニュートン近似に基づい
て，Entwurf理論が「慣性の相対性」を主張するマッハ(E.
Mach)の原理と整合的であると結論している．最後の結び
§10では，ノルドストレム理論とEntwurf理論はいずれも，
4つの基本要請を満たすが，後者のみがマッハの原理を満た
すと結論している．

　論文に続いて，講演後の質疑応答の記録が掲載されている．この質疑では，当時の学会における重力理論の研究の現状や相対性理論に対する研究者の見方を，ミー（G. Mie），リーケ（E. Riecke），ハーゼンオール（F. Hasenöhrl），ライスナー（H. J. Reissner），ボルン（M. Born）など当時最先端の研究者の生の声を通して知ることができる．大まかな内容は次の通りである．

　まず，ミーはアインシュタインがミーおよびアブラハム（M. Abraham）の理論に触れなかったことを軽くなじった後，ミー理論，アブラハム理論の概要を説明し，それらとノルドストレム理論，アインシュタイン-グロスマン理論との関係について議論している．これに対して，アインシュタインは，一応ミーの理論に触れなかった理由を述べているが，実際はそれについて詳しく知らなかったようである．アインシュタインの回答に対し，ミーは一般化された相対性理論を受け入れられないこと，彼の理論でも等価原理がよい精度で近似的に成り立つことを述べている．

　その後，リーケが重力場と電磁場の相互作用について質問したのに対し，アインシュタインは，そのような相互作用を現時点で実験的に検証する唯一の可能性として，太陽重力による恒星からの光線の偏向の観測があることを指摘している．これに対して，ハーゼンオールはその観測可能性について，また，イェーガー（G. Jäger）は他の原因による偏向や偏向が隠されてしまう可能性について質問している．アイン

シュタインはすべての質問に対して観測可能性に問題はない
と答えている.

　さらに，ライスナーは，重力場自体のエネルギーと通常の
物質・物体のエネルギーとの物理的な違いについて，また，
ボルンは重力作用の伝搬速度，非線形効果の速度への影響に
ついて深い質問をしている.

　最後に，イェーガーがアインシュタインの理論の実験的検
証可能性について尋ねたのに対し，アインシュタインは再
度，日食の観測の重要性を指摘している. また，重力赤方偏
移についてのミーの質問に対して，アインシュタインは現状
ではその明確な観測的検証は難しいと答えている. 当時の研
究者たちの息吹が生き生きと感じられる記録である.

重力の問題の現状について

A. アインシュタイン

A. Einstein "Zum gegenwärtigen Stande des Gravita-
tionsproblems"
Physikalische Zeitschrift 14, pp. 1249-1262 (1913)

§1　問題設定についての一般的事柄

　最初に理論的な解明が成功した物理現象の領域は万有引力の領域であった. 天体の重力と運動の法則は, ニュートンにより, 質点の運動についての単純な法則と2つの質点間の重力相互作用についての法則に帰着された. これらの法則は, その厳密な正当性を疑うにたる経験事実が全く見出されないほど厳密に成り立つことが明らかとなった. それにもかかわらず, 現在, それらの法則が厳密に成り立つと信じている物理学者がもはやいないとすれば, それは最近2, 30年間における電磁過程についての我々の知識の進展が不可避的にもたらした変革的影響によるものである.

　というのも, マクスウェル〔J. C. Maxwell〕以前では, 電磁過程は, 力のニュートン則を模範として, できる限りそれをまねて作られた初等的な法則で記述されていた. これらの法則によれば, 静電気を帯びた物体, 磁気を帯びた物体, 電

流要素などは，互いに，瞬時で空間を伝わる遠隔作用により相互作用するとされていた．そのような状況の中，25年前〔1888年〕にヘルツ〔H. Hertz〕は，電気力の伝搬についての天才的な実験研究により，電気的作用は伝搬に時間を要することを証明した．彼は，瞬時に伝わる遠隔作用を偏微分方程式系に置き換えたマクスウェル理論を勝利に導いた．遠隔作用理論がもはや正しくないことが電気力学の領域で証明されて以降，重力に対するニュートンの遠隔作用理論の正当性に対する信頼も揺らぐこととなった．静電気および静磁気に対するクーロンの法則が電磁過程全体を包含するわけではないのと同様に，ニュートンの重力法則は重力現象の全体を包括しないという信念が新たな道を開くに違いない．ニュートンの法則はこれまで天体の運行を計算する上で十分なものであったが，それはひとえにそれらの運動の速度と加速度が小さいということによる．実際，仮に天体の運動がそれの帯びた電荷が生み出す電気力により決まるとすると，その天体の速度と加速度が我々のよく知っている天体の運動の場合と同程度の大きさをもつなら，天体の運動からは電気力学におけるマクスウェルの法則の兆候をつかめないことを簡単に示せる．そのような天体の運動は，クーロンの法則に基づいて非常に高い精度で記述することができる．

　このようにニュートンの遠隔作用法則の包括的な意義への信頼が揺らいだとはいえ，そもそも，ニュートン理論の拡張がどうしても必要だということを示す直接的な根拠は全く

存在しなかった．しかし，現在では，相対性理論の正当性に
信を置く者にとっては，そのような根拠が存在する．なぜな
ら，まず，相対性理論によると，自然界ではシグナルを超光
速で送る手立てはない．しかし，一方で，ニュートンの重力
法則が厳密に正しい場合には，明らかに，重力を使って場所
A から遠く離れた場所 B にパルスシグナルを送ることがで
きる：すると，A での重力を伴う質量の運動は瞬時に B で
の重力場の変動を生み出さなければならない．これは，相対
性理論と矛盾している．

　相対性理論は，しかし，ニュートン理論の修正を強要する
だけでなく，幸運にも，そのような修正の可能性に強い縛り
を与えてくれる．このことがなければ，ニュートン理論を一
般化する努力は，絶望的な試みとなっていたであろう．その
ことをはっきり見るために，次のような類似した状況を考え
てみよう．電磁気現象のうち，静電現象のみが実験的に知ら
れていたとする．しかし，我々は電気作用は超光速で伝搬す
ることはできないのを知っている．これだけのデータから電
磁過程に対するマクスウェル理論を展開することができた人
がいただろうか？　しかし，我々の重力領域についての知識
は，ちょうどいま述べた仮想的なたとえと似た状況にある．
我々は，静止した質量間の相互作用のみを，しかもおそら
く第 1 近似でのみ知っている．相対性理論では一定の符号
の違いを別にして，時間座標がすべての方程式系において 3
個の空間座標と同じ形で登場することから，一般化の織りな

す錯綜した多様性は相対性理論により制限される．いま漠然と示唆しただけの，このミンコフスキー〔H. Minkowski〕による重要な形式的知見[†1] は，相対性理論にマッチする方程式系の探査において最も重要な補助手段となることが明らかとなる．

§2　重力場についての自然な物理的仮説

我々は，次に，重力理論に課すことのできる一般的な要請をいくつか挙げるが，それらのすべてが必須では**ない**．

1. 運動量とエネルギーの保存則が成り立つ．
2. 孤立系に対して**慣性**質量と**重力**質量が一致する．
3. （狭い意味での）相対性理論が成り立つ：すなわち，方程式系が線形直交変換（一般化されたローレンツ変換）に関して共変的となる．
4. 観測により得られた自然法則は，重力ポテンシャル（あるいは，重力ポテンシャルたち）の絶対的な値に依存しない．これは物理的に次のことを意味する：実験室で得られる観測量の関係の総体は，実験室全体を重力ポテンシャルが（空間的にも時間的にも一定だが）異なった値をもつ領域に運んでも変わらない．

これらの要請について，以下の点を注意しておく．要請1が必ず成り立たなければならないことに関しては，すべての理論家の意見が互いに一致するであろう．要請3を堅持

すべきであるという意見はさほど一般的ではないだろう. 実際, アブラハムは, 要請3を満たさない重力理論を立てた. もし, アブラハムの理論において, 重力ポテンシャルが定数となる領域では線形直交変換群に移行するような変換群に対する共変性が存在するなら, 私は彼の観点に賛同することができる. しかし, アブラハムの理論ではそのようにはなっていないように見える. したがって, この理論は, これまで重力を除外して発展してきた形での相対性理論を特殊な場合として包含しない. 現在の形の相対性理論を**支持する**これまでのすべての議論は, この理論を否定している. 私の意見では, それに反対する説得力のある根拠がない限り, 要請3は絶対に残すべきである. 我々がこの要請を放棄すれば, 直ちに制御できない多様な可能性が生じてしまう.

　要請2はより詳細な検討を必要とするが, 私の意見では, それに対する反証が出るまでは, この要請は絶対に保持されるべきである. それは, まず, すべての物体は重力場中において同じ加速度で落下するという経験事実に基づいている. この重要な点については, 後ほど再度注意を払うことになる. ここで, 重力質量と慣性質量の一致(比例関係)は, エトヴェシュ[L. Eötvös]による最も重要な研究により非常に高い精度で証明されたことを注意しておく[*1]. エトヴェシュはこの比例関係を, 重力と地球の自転による遠心力の合力が物質の性質に依存しないこと(2種類の質量の相対差$< 10^{-7}$)を実験的に示すことにより証明した. 要請2を通常の相対

性理論の主要な帰結の一つと組み合わせることにより，一つの結論に導かれる．これについては，早速ここで触れておこう．相対性理論によると，孤立系の(全体としての)慣性質量は，そのエネルギーで決まる．要請2によると，**重力**質量についても同じことが成り立たないといけない．したがって，系の状態が，その全エネルギーを一定に保って任意の変化をしたとき，この系の重力による遠隔作用も変化しない．すると，系のエネルギーの一部が重力エネルギーに変化しても同じ結果が得られる．系の重力質量は，重力エネルギーを含む全エネルギーにより定まることになる．

　最後に，要請4は，多分，経験に基づいて正当化することはできない．その正当性を信じる根拠は自然法則の単純さに対する信頼以外の何物でもなく，我々は上に挙げた残る3つの公理ほどの正当性をもって，それを信頼することはできない．

　私は，要請2～4が，しっかりとした基盤というより，むしろ学問的信念のようなものであるという状況を，よく自覚している．私は，また，以下で説明するニュートン理論の2つの一般化の双方が唯一の候補であると主張する気も全くない．しかし，現在の我々の知識に基づくと，それらが**最も自然な候補**であると言ってよいだろう．

§3　ノルドストレムの重力理論

重力を除外したなじみの相対性理論〔特殊相対性理論〕によると，孤立した質点はハミルトン方程式

$$\delta \left\{ \int d\tau \right\} = 0 \qquad (1)$$

に従って，直線に沿ってまっすぐ一様に運動する．ここで，いつもの通り

$$
\begin{aligned}
d\tau &= \sqrt{-dx_1^2 - dx_2^2 - dx_3^2 - dx_4^2} \\
&= \sqrt{c^2 dt^2 - dx^2 - dy^2 - dz^2} = dt\sqrt{c^2 - q^2}
\end{aligned}
\qquad (2)
$$

と置いた．方程式(1)は

$$
\left.
\begin{aligned}
&\delta \left\{ \int H dt \right\} = 0, \\
&H = -m\frac{d\tau}{dt} = -m\sqrt{c^2 - q^2}
\end{aligned}
\right\}
\qquad (1a)
$$

と書くこともできる．ここで，H は質点の運動に対するラグランジュ関数，m は質点ごとに決まる定数としての「質量」である．プランクの処方に従うと，よく知られた方法で，これから直接，質点の運動量 (I_x, I_y, I_z) とエネルギー E が得られる[*2, †2]．

$$I_x = \frac{\partial H}{\partial \dot{x}} = m\frac{\dot{x}}{\sqrt{c^2 - q^2}}, \; \cdots$$

$$E = \frac{\partial H}{\partial \dot{x}} \dot{x} + \frac{\partial H}{\partial \dot{y}} \dot{y} + \frac{\partial H}{\partial \dot{z}} \dot{z} - H$$

$$= m \frac{c^2}{\sqrt{c^2 - q^2}}.$$

　線形直交変換，より正確にはなじみの相対性理論の場合と同じ変換に関しての**み**方程式が共変的となることを仮定すると，これらから出発してノルドストレム理論に容易に到達する．重力場は1個のスカラーにより記述することができる．重力場中での質点の運動は，ハミルトン形式の方程式で表される．かくして，質点の運動に対して，方程式[*3]

$$\delta \left\{ \int \varphi d\tau \right\} = 0 \tag{1'}$$

が得られる．ここで，定数 c を用いて(2)式が依然として成り立つものとし，φ は重力場を決定するスカラーである．光線の伝搬に対しては，$d\tau = 0$[†3]，したがって $q = c$ となる．すなわち，光の伝搬速度は定数 c と等しい．光線は重力場により曲げられない．

　方程式(1a)の代わりに，

$$\left. \begin{array}{l} \delta \left\{ \int H dt \right\} = 0, \\[2mm] H = -m\varphi \dfrac{d\tau}{dt} = -m\varphi \sqrt{c^2 - q^2} \end{array} \right\} \tag{1a'}$$

が得られる．ラグランジュ運動方程式は

$$\frac{d}{dt}\left\{m\varphi\frac{\dot{x}}{\sqrt{c^2-q^2}}\right\}+m\frac{\partial\varphi}{\partial x}\sqrt{c^2-q^2}=0,\ \cdots$$

となる[†4]. これより, 運動量, エネルギーおよび重力場中での点粒子に働く力 $\mathfrak{K}$ は

$$\left.\begin{array}{l}I_x=m\varphi\dfrac{\dot{x}}{\sqrt{c^2-q^2}},\ \cdots,\\[2ex]E=m\varphi\dfrac{c^2}{\sqrt{c^2-q^2}},\\[2ex]\mathfrak{K}_x=-m\dfrac{\partial\varphi}{\partial x}\sqrt{c^2-q^2},\ \cdots\end{array}\right\}\qquad(2\text{a})$$

と表される. ここで, m は質点に固有の, φ にも q にも依存しない定数である. $\mathfrak{K}$ の表式は, φ が重力ポテンシャルの役割を果たすことを示している. さらに, I_x と E に対する表式は, ノルドストレム理論では質点の慣性質量が積 $m\varphi$ により決定されることを示している. φ が小さいほど, すなわち着目している質点の近傍により大量の質量を集めるほど, 質点の速度変化に対する慣性抵抗が小さくなる. これは, スカラー型重力理論の最も重要な物理的帰結の一つで, これについては後ほど再度触れなければならない.

　この理論では, 後ほど説明するように, 座標差は, 通常の相対性理論のような単純な物理的意味をもたない. 持ち運び可能な単位長の物差しと持ち運び可能な時計が与えられ, 時計の位置で計った時間が 1 進む間に真空中で単位長物差しと同じ距離の経路を光が進むものとしよう[*4]. これらの測定

手段を用いて，通常の相対性理論の場合と同じように精密に計られた，無限に隣接する時空の2点間の4次元的距離を，時空点間の「自然な」4次元距離 $d\tau_0$ と呼ぶ．これは，その定義より不変量で，それゆえ，通常の相対性理論の場合には $d\tau$ に等しい．後者の量は，自然距離と対比して，その定義より，時空点の間の「座標距離」，あるいは短く「距離」と呼ぶ．しかし，我々の場合，自然距離 $d\tau_0$ は座標距離 $d\tau$ と φ の関数で表される，ある因子だけ異なっている可能性がある．我々は，これより

$$d\tau_0 = \omega d\tau \tag{3}$$

と置く．我々は，さらに，自然長 l_0 や物体の自然体積 V_0 についても語ることができる．これらは，一緒に運動する単位長物差しを用いた計測により得られる長さと体積である．同じように，座標で計って得られる長さ l および体積 V も役割を果たす．座標体積 V と自然体積 V_0 の間には関係式

$$\frac{1}{V} = \frac{\omega^3}{V_0} \frac{cdt}{d\tau} = \frac{\omega^3 c}{V_0 \sqrt{c^2 - q^2}} \tag{4}$$

が導かれる．さらに，我々は，単位自然体積の水の質量を質量の単位とする．物体の質量は，その慣性と単位質量の慣性との比で与えられ，したがってスカラーとなる．自然密度 ρ_0 を水の密度を単位として計った密度，あるいは1自然体積に含まれる質量とする．よって，定義より，ρ_0 はスカラーとなる．

　質点から連続体に移行することにより，これまでの結果
からさらなる結論を導くことができる．そのためには，質点
を座標体積 V，自然体積 V_0 をもつ連続体と見なせばよい．
(2a)に与えられている I_x, E および $\mathfrak{K}_x$ に対する表式に $\dfrac{1}{V}$
を掛け，(4)式を用いると，内部相互作用のない質量流に対
する単位体積あたりの運動量 $i_x, \cdots$，エネルギー η および重
力 $\mathfrak{k}_x, \cdots$ を得る．関係式[†5]

$$\rho_0 = \frac{m}{V_0}$$

を考慮すると，

$$\left.\begin{array}{l}
ici_x = \dfrac{icI_x}{V} = \rho_0 c\varphi\omega^3 \dfrac{dx_1}{d\tau}\dfrac{dx_4}{d\tau} \\[3mm]
-\eta = -\dfrac{E}{V} = \rho_0 c\varphi\omega^3 \dfrac{dx_4}{d\tau}\dfrac{dx_4}{d\tau} \\[3mm]
\mathfrak{k}_x = \dfrac{\mathfrak{K}_x}{V} = -\rho_0 c\omega^3 \dfrac{\partial\varphi}{\partial x}
\end{array}\right\} \tag{2b}$$

を得る〔$\mathfrak{k}$ は k のフラクトゥール体〕．これらのうち第 1 の方
程式において，i は虚数単位を意味する．相対性理論におけ
る運動量エネルギー則の表式を思い起こすと，$X_x, \cdots$ を一
般化された応力，$f_x, \cdots$ をエネルギー流密度とするとき，量

$$\begin{array}{cccc}
X_x & X_y & X_z & ici_x \\[2mm]
Y_x & Y_y & Y_z & ici_y \\[2mm]
Z_x & Z_y & Z_z & ici_z \\[2mm]
\dfrac{i}{c}f_x & \dfrac{i}{c}f_y & \dfrac{i}{c}f_z & -\eta
\end{array}$$

は，対称テンソルとなる．我々はこれを $T_{\mu\nu}$ で表す（μ と ν は 1 から 4 までを走る添え字である）．さらに，外力により物質に単位体積あたりに流れ込むエネルギーを $\mathfrak{l}$ とすると[†6]，

$$\mathfrak{k}_x, \ \mathfrak{k}_y, \ \mathfrak{k}_z, \ \frac{i}{c}\mathfrak{l}$$

は 4 元ベクトルで〔$\mathfrak{l}$ は $\mathfrak{l}$ のフラクトゥール体〕，その成分は k_μ で表される．すると，運動量エネルギー則は 4 個の方程式

$$\sum_\nu \frac{\partial T_{\mu\nu}}{\partial x_\nu} = k_\mu \quad (\mu = 1, \cdots, 4) \tag{5}$$

で表される．(2b)式が示すように，以上の定式化は，

$$\left.\begin{array}{l} T_{\mu\nu} = \rho_0 c\varphi\omega^3 \dfrac{dx_\mu}{d\tau} \dfrac{dx_\nu}{d\tau} \\[2mm] k_\mu = -\rho_0 c\omega^3 \dfrac{\partial \varphi}{\partial x_\mu} \end{array}\right\} \tag{5a}$$

と置くことにより[†7]，容易に重力場中での内部相互作用のない質量流という，我々が扱っている場合に適用される．我々はこれまで重力場が物質にどのように作用するかという問題だけを扱い，逆に物質がどのような法則に従って重力場を決定するかという問題は扱わなかった．ノルドストレム理論の場合，後者はスカラー φ で与えられる．したがって，重力場を生み出す物理過程に属する量で，かつ，求める φ に対する微分方程式に現れるスカラーも存在しなければならな

い．そのようなスカラーは，特にラウエ〔M. von Laue〕により，その存在と意義が指摘されたスカラー

$$\sum_\sigma T_{\sigma\sigma}$$

のみである．内部相互作用のない質量流の場合にこのスカラーを作ると，(5a)式を用いて

$$\sum_\sigma T_{\sigma\sigma} = -\rho_0 c\varphi\omega^3,$$

$$k_\mu = \sum_\sigma T_{\sigma\sigma} \frac{1}{\varphi} \frac{\partial\varphi}{\partial x_\mu}$$

を得る．したがって，(5)式の代わりに

$$\sum_\nu \frac{\partial T_{\mu\nu}}{\partial x_\nu} = \sum_\sigma T_{\sigma\sigma} \frac{1}{\varphi} \frac{\partial\varphi}{\partial x_\mu} \qquad (5b)$$

を得る．この方程式は，もはや，内部相互作用のない質量流の場合に特有な情報を何も含まないので，特に重要である．ノルドストレム理論では，任意の物質過程に対し，それに対応する応力エネルギーテンソルを $T_{\mu\nu}$ に代入すれば，方程式(5b)はその過程のエネルギーバランスを表す．

方程式(5b)より，ノルドストレム理論では要請2が満たされる．なぜなら，まず，その占める空間的領域において $\partial \lg\varphi/\partial x_\mu$ がほぼ一定となる物質系を考えると，その系全体に働く X 方向の力として

$$\frac{\partial\lg\varphi}{\partial x_\mu} \int \sum T_{\sigma\sigma} dv = \frac{\partial\lg\varphi}{\partial x_\mu} \int T_{44} dv = -\frac{\partial\lg\varphi}{\partial x_\mu} \int \eta dv$$

を得る[†8]. ここで, dv は3次元体積要素である. この変形
は, 孤立系に対し

$$\int T_{11}dv = \int T_{22}dv = \int T_{33}dv = 0$$

が成り立つ[†9] というラウエの定理に基づく. この結果は,
孤立系の及ぼす重力がその総量により決まることを示して
いる.

　方程式(5b)はさらに, 循環過程により静的な重力場から
仕事を取り出すことはできないという物理的な前提条件によ
り, まだ決まっていない関数 φ を決定することを可能にす
る. 重力に関する私とグロスマン氏との共著論文[[17][掲
載論文3]]の§7で, スカラー型理論が上述の基礎法則と矛
盾することを指摘したが, その際, ω=定数という暗黙の前
提から出発していた. しかし,

$$l = \frac{l_0}{\omega} = \frac{定数}{\varphi}$$

あるいは,

$$\omega = 定数 \cdot \varphi \tag{6}$$

と置けば, この矛盾は解消されることが容易に示される. 後
ほど, このように決める根拠をもう一つ挙げる.

　さて, 重力場に対するポアソン方程式の一般化と解釈され
る, 一般的な重力場の方程式を立てることはいまや簡単で
ある. すなわち, 物質過程と重力場を合わせた全体に対して

保存則が成り立つように量 φ のスカラー微分式を選び，それをラウエのスカラーと等置すればよい．これを達成するには，

$$-\kappa \sum T_{\sigma\sigma} = \varphi \square \varphi \qquad (7)$$

と置けばよい．ここで，κ はある普遍定数（重力定数），$\square$ は作用素

$$\sum_{\tau} \frac{\partial^2}{\partial x_\tau^2} \quad (\tau = 1, \cdots, 4)$$

を意味する．保存則が実際に満たされることは，方程式 (5b)，(7) および，(7) 式から導かれる恒等式

$$\sum T_{\sigma\sigma} \frac{1}{\varphi} \frac{\partial \varphi}{\partial x_\mu} = -\frac{1}{\kappa} \frac{\partial \varphi}{\partial x_\mu} \sum \frac{\partial^2 \varphi}{\partial x_\sigma^2} = -\sum \frac{\partial t_{\mu\nu}}{\partial x_\nu}$$

より従う．ここで，

$$t_{\mu\nu} = \frac{1}{\kappa} \left\{ \frac{\partial \varphi}{\partial x_\mu} \frac{\partial \varphi}{\partial x_\nu} - \frac{1}{2} \delta_{\mu\nu} \sum \frac{\partial \varphi^2}{\partial x_\tau} \right\} \qquad (8)$$

と置いた．$\delta_{\mu\nu}$ は $\mu = \nu$ のとき 1，$\mu \neq \nu$ のとき 0 の値を取る．2 つ前の方程式と (5b) 式より

$$\sum_{\nu} \frac{\partial}{\partial x_\nu} (T_{\mu\nu} + t_{\mu\nu}) = 0 \qquad (9)$$

が従うので，$t_{\mu\nu}$ は重力場の応力エネルギーテンソルの成分となる．したがって，要請 1 が満たされる．さらに，要請 2 と整合的に，定常な孤立系から無限遠に伸びる重力力線の本数は単に系の総エネルギーに依存することが示される．

さらに，以下の事柄は要請4と整合する．自然長 l_0 の間隔をあけて2枚の鏡を向かい合うように設置し，その間を真空にして光線を往復させる．すると，この系は時計の役割を果たす（光時計）．2つの質量 m_1 と m_2 をお互いの重力相互作用により一定の自然距離 l_0 を保って円運動させると，この系は同じように時計の役割を果たす（重力時計）．これまでに得られた方程式系を用いて，これら2つの時計の相対的な進みは，同じ重力ポテンシャルに置かれれば，そのポテンシャルの絶対的な値に依存しないことを容易に示すことができる．これは，方程式(6)で与えられた ω の表式に対する間接的な証拠となる．

まとめると，光速不変性を堅持するノルドストレムのスカラー型理論は，これまでの経験に基づいて重力理論に課すことのできるすべての条件を満たしていると言える．ただ，この理論によると，物体の慣性は残りの物体の**影響は受ける**ものの，残りの物体を遠ざければ遠ざけるほど，物体の慣性はますます増大するので，物体の慣性が残りの物体により**生み出されている**ようには見えない点に不満が残る．

§4　相対性理論を拡張する試みは正当化されるか？[*5]

経験的な観点から，相対性理論の定式化はどの程度まで拡張することが正当化されるかということを非専門家に説明し

たければ，次のように説明すればよい．誰かがまっすぐな線路を一定の速度で走る電車の車両に乗っているとき，その窓が曇っていると，車両がどの方向に，またどのような速度で走っているのか判断できない．また，避けられない車両の揺れを無視すると，車両が走っているのかそれとも止まっているのかも判断できない．抽象的に言い換えると，元の基準系（地表）に対して等速で運動する系（車両）に関して物事が進行する法則は，元の基準系（地表）に関するものと同じである．我々はこのことを，等速運動の相対性原理と呼ぶ．

　しかし，人は次のように付け加えたくなるだろう：ただし，電車が等速でない運動をする場合には，状況が異なる．車両が速度を変えると，乗客は引っ張られるような力を受け，それにより車両の加速度を感知することができるようになる．抽象的に表現すれば，定速でない運動に対する相対性原理は存在しないということになる．しかし，このように結論することには異論がないわけではない．まず，何しろ，車両の乗客が，自分の感じた衝撃の原因を必ず車両の加速に帰さねばならないかどうか定かでない．実際，上のように結論するのが時期尚早であることは，次の例から分かる．

　二人の物理学者ＡとＢが麻酔から覚め，自分たちがすべての器具を持ったまま不透明な壁で囲まれた箱部屋に閉じ込められていることに気づく．彼らは箱がどこに置かれているのか，また箱がどのように運動しているのかを全く知らない．さて，彼らは，物体を箱の中央に運び，手を離すと，そ

れらがすべて同じ方向——下と言うことにする——に同じ加速度γで落下することに気づく. 物理学者はこれからどのような結論を得ることができるだろうか? ——A はこの物体の運動より, 箱はある天体の上に置かれて静止していて, 天体が丸いとして, 下向きの方向はその中心に向かう方向に他ならないと結論する. 一方, B は, 外部から働く力によって, 箱が「上向き」に一定の加速度γをもつ加速運動の状態に保たれている可能性があるという見解を支持する. この見解では, 天体が近くにある必要はない. 両物理学者のいずれが正しいかを彼らが判断できる基準は存在するだろうか? 我々はそのような判断基準を知らないし, またそのような判断基準があるのかどうかも知らない. **しかし, いずれにせよ, 慣性質量と重力質量が等しいことを示したエトヴェシュの精密な実験は, そのような判断基準が存在しないことを支持している**. これと関連して, エトヴェシュの実験は, **一様な運動の物理的な検出可能性の問題におけるマイケルソン**〔A. A. Michelson〕の実験と似た役割を果たすことが分かる.

2つの見方のいずれが正しいかを二人の物理学者が本当に原理的に判断できないとすると, **速度と同様, 加速度にも絶対的な物理的意味を付与する**のができないことになる[*6]. 同じ基準系を, 同等の正当性をもって, 加速されているとも加速されていないとも見なすことができる. ただし, その場合, 選んだ観点に応じて, 重力場の配位を設定し, それと系

の想定された加速状態の両者を考慮して，自由に運動する物体の基準系に対する相対運動を決定しなければならない．

　我々が加速していないと見なしている基準系において，物体が，重力場の存在により，基準系が加速している場合と全く同じように振る舞うという状況は，我々に，相対性原理を加速基準系の場合へ拡張するよう試みることを迫る．

　数学的観点からは，これは，自然法則を表す方程式系の共変性を線形直交変換だけでなく，さらに広い変換，特に非線形な変換に対しても要求する．なぜなら，非線形な変換のみが相対的に**加速運動する**系を結びつけるので．しかし，その際，重力場についての我々の経験的知識が乏しいため，どのような変換に対する共変性を方程式に対して要請すべきか信頼できる推論ができないという問題が生じる．私の友人のグロスマンと共同で行った研究[*7]では，方程式の共変性はまず**任意の**変換に対して要求できるし，またそうするのが適切であることが明らかとなった．

　あらかじめ想定される誤解を避けるために一言述べておく．現在の相対性理論の信奉者は，質点の速度を「見かけのもの」というが，それは確かにもっともである．なぜなら，彼は，着目している瞬間に質点の速度がゼロとなるように基準系を選ぶことができるので．しかし，構成する質点が様々な速度をもち，そのため，どのような基準系を導入してもすべての質点の速度を一斉にゼロとすることができない質点系が存在する．同様に，適当に加速状態を選ぶことにより，あ

る指定された時空点において重力場が存在しないようにする
ことができるので，我々と同じ観点に立つ物理学者が重力場
を「見かけのもの」と呼ぶことも許される．しかし，一つの
座標変換により重力場を，広がった領域において同時に消し
去ることは一般にできないことも確かである．例えば，基準
系を適当に選ぶことにより，地球の重力場を消し去ることは
できない．

§5　重力場の特徴付け；その物理過程への作用

　許される時空変換の全体像がはっきりしないので，すでに
触れたように，まず変数 x, y, z, t の任意の変換を許すのが
最も自然である．これらの変数を簡単のため，$x_1, x_2, x_3,$
x_4 と表す．これから考察する一般化では，虚時間座標を導
入するのは無意味である．

　まず，適当な座標系の選択のもとで重力場が存在しない時
空領域を考える．すると，通常の相対性理論から見てなじみ
のある場合に帰着される．自由な質点は，方程式

$$\delta \left\{ \int \sqrt{-dx^2 - dy^2 - dz^2 + c^2 dt^2} \right\} = 0$$

に従って，まっすぐ等速で運動する．任意の変換により新た
な座標 x_1, x_2, x_3, x_4 を導入すると，それに関して質点の運
動は，方程式

$$\delta \left\{ \int ds \right\} = 0, \\ ds^2 = \sum_{\mu\nu} g_{\mu\nu} dx_\mu dx_\nu \right\} \tag{1b}$$

に従って行われる．これは

$$\delta \left\{ \int H dt \right\} = 0, \\ H = -m \frac{ds}{dt} \right\} \tag{1b'}$$

と置くこともできる．ここで，H はハミルトン関数である．

　新しい系では，質点の運動は量 $g_{\mu\nu}$ により定まる．上のパラグラフにおける一般的考察より，新たな系が「静止している」と考えることにすると，この量は重力場の成分と解釈されるべきである．一般に任意の重力場は，x_1, x_2, x_3, x_4 の関数である 10 個の成分 $g_{\mu\nu}$ により定義される．質点の運動は，常に，上に挙げた形の方程式により決定される．要素 ds は，その物理的意味より，すべての変換に対する不変量でなければならない．これより，座標変換が与えられると，成分 $g_{\mu\nu}$ の変換則は確定する．ds は，4 次元線素 (dx_1, dx_2, dx_3, dx_4) から作られる唯一の不変量である．我々はそれを線素の分量ないし大きさと呼ぶ．重力場がない場合には，$g_{\mu\nu}$ の系は，適当に変数を選ぶことにより，系

146

$$\begin{array}{cccc} -1 & 0 & 0 & 0 \\ 0 & -1 & 0 & 0 \\ 0 & 0 & -1 & 0 \\ 0 & 0 & 0 & c^2 \end{array}$$

に帰着する．この場合には，通常の相対性理論の場合に戻ることになる．

光の伝搬の法則は方程式

$$ds = 0$$

で決定される．これより，光速は一般に，時空点の選択だけでなく，伝搬する方向にも依存することが分かる．このことに我々が気づかないのは，我々が立ち入れる時空領域では，$g_{\mu\nu}$ はほぼ一定で，基準系を適当に選ぶことにより，小さなずれを除いて $g_{\mu\nu}$ が前述の定数の値をとるようにできることに起因する．

ノルドストレム理論の場合と全く同様に，ここで4次元要素の自然長について語ることにする．これは，持ち運び可能な単位長物差しと時計を使って計った線素の長さである．この自然長は，定義よりスカラーで，定数倍の自由度（ここでは1と置く）を除いて，線素の大きさ ds と等しい．それにより，座標微分と計測された長さおよび時間との間の関係が与えられる．この関係には量 $g_{\mu\nu}$ が関与するので，座標はそれ自身のみでは物理的意味をもたない．質量および自然

密度に関する設定もそのまま使うことができる.

　さて, 方程式(1b)および(1b′)から出発して, ちょうどノルドストレム理論について考察した際と全く同様に, 質点のラグランジュ運動方程式を立てることができる. これらより, 質点の運動量 I とエネルギー E および重力場が質点に及ぼす力 $\mathfrak{K}$ に対する表式を引き出すことができる. 同じようにして, 対応する単位体積あたりの量に対する表式を導くことができ,

$$\left.\begin{aligned}
i_x &= -\rho_0\sqrt{-g}\sum_\nu g_{1\nu}\frac{dx_\nu}{ds}\frac{dx_4}{ds}, \\
-\eta &= -\rho_0\sqrt{-g}\sum_\nu g_{4\nu}\frac{dx_\nu}{ds}\frac{dx_4}{ds}, \\
\mathfrak{k}_x &= -\frac{1}{2}\rho_0\sqrt{-g}\sum_{\mu\nu}\frac{\partial g_{\mu\nu}}{\partial x_1}\frac{dx_\mu}{ds}\frac{dx_\nu}{ds}
\end{aligned}\right\} \quad (2\mathrm{c})$$

を得る[10].

　これより, 前と同様にして, 内部相互作用のない質量流に対する次の運動量エネルギー則を得る:

$$\sum_{\mu\nu}\frac{\partial}{\partial x_\nu}\left(\sqrt{-g}\,g_{\sigma\mu}\Theta_{\mu\nu}\right)$$

$$-\frac{1}{2}\sum_{\mu\nu}\sqrt{-g}\frac{\partial g_{\mu\nu}}{\partial x_\sigma}\Theta_{\mu\nu} = 0 \quad (\sigma = 1,2,3,4) \quad (5\mathrm{b})$$

$$\Theta_{\mu\nu} = \rho_0\frac{dx_\mu}{ds}\frac{dx_\nu}{ds}$$

ここで, g は $g_{\mu\nu}$ の行列式を意味する. 方程式系(5b)の最

初の 3 式が運動量則を，最後の式がエネルギー則を表す．この方程式系は，量

$$\mathfrak{T}_{\sigma\nu} = \sum_{\mu} \sqrt{-g}\, g_{\sigma\mu}\Theta_{\mu\nu} \Bigg\}$$

を導入することにより

$$\sum_{\nu} \frac{\partial \mathfrak{T}_{\sigma\nu}}{\partial x_{\nu}} = \frac{1}{2} \sum_{\mu\nu\tau} \frac{\partial g_{\mu\nu}}{\partial x_{\sigma}} \gamma_{\mu\tau} \mathfrak{T}_{\tau\nu} \Bigg\} \tag{5c}$$

と，少し見通しのよい形で表すことができる．ここで，$\gamma_{\mu\tau}$ は $g_{\mu\tau}$ の余因子行列を g で割ったもの[†11]を意味する．量 $\mathfrak{T}_{\sigma\nu}$[†12] の物理的意味は，次の図式より分かる[†13]：

$$
\begin{array}{cccc|cccc}
\mathfrak{T}_{11} & \mathfrak{T}_{12} & \mathfrak{T}_{13} & \mathfrak{T}_{14} & X_x & X_y & X_z & i_x \\
\mathfrak{T}_{21} & \mathfrak{T}_{22} & \mathfrak{T}_{23} & \mathfrak{T}_{24} & Y_x & Y_y & Y_z & i_y \\
\mathfrak{T}_{31} & \mathfrak{T}_{32} & \mathfrak{T}_{33} & \mathfrak{T}_{34} & Z_x & Z_y & Z_z & i_z \\
\mathfrak{T}_{41} & \mathfrak{T}_{42} & \mathfrak{T}_{43} & \mathfrak{T}_{44} & -f_x & -f_y & -f_z & -\eta
\end{array}
$$

ここで，右辺の量の配置は §3 と同じである．(5c)式の右辺は重力場から単位体積，単位時間あたりに与えられる運動量（$\sigma = 1, 2, 3$）[†14] およびエネルギー（$\sigma = 4$）[†15] を表す．

　方程式(5b)と(5c)は疑いもなく，いま考えている内部相互作用のない質量流の場合を遥かに超えた意味をもっている．それらは，たぶん一般に，物理過程と重力場の間の運動量とエネルギーのバランスを表している．各個別の物理領域での表式は，量 $\Theta_{\mu\nu}$ と $\mathfrak{T}_{\mu\nu}$ をそれぞれの対応する表式に置き換えるだけで得られる．

§6　数学的方法についてのコメント

以上で概要を説明した理論では，$\sum dx_\nu^2$ は不変量でないので，なじみのある 4 次元ベクトルやテンソルは利用できない．不変量となるのは，むしろ，我々が線素の大きさと呼んだ別の量

$$ds^2 = \sum g_{\mu\nu} dx_\mu dx_\nu$$

である．ところが，すでに，「絶対微分計算」と呼ばれる，このような線素により定義される 4 次元多様体に対する共変量の理論が，主にクリストッフェル〔E. B. Christoffel〕[*8] の基礎的な仕事に基づいて，特にリッチ〔G. Ricci-Curbastro〕およびレヴィ=チヴィタ〔T. Levi-Civita〕[*9] により開発されている．すでに引用した我々の論文〔[17]〔掲載論文 3〕〕の中でグロスマン氏が執筆したパートに，その重要な定理の明快な説明がある．

この理論では，より多くの種類のテンソル，すなわち共変，反変，混合テンソルを区別するが，それらに対して，一般によく知られている，ユークリッド線素で特徴付けられる場合と類似の代数的定理が成り立つ．また，通常のベクトルやテンソルの理論における代数的および微分関係式のそれぞれに対して，線素が一般の場合の対応する関係式が定まるように，テンソルに作用し，結果が再びテンソルを与える微分

演算を構成することができる.

　dx_ν は,1階(すなわち,添え字が**1個の**)反変テンソルの ν 番目の成分であることに注意.$g_{\mu\nu}$ および $\gamma_{\mu\nu}$ は,それぞれ,2階の共変および反変テンソルの成分で,その線素に対する役割より,「基本テンソル」と呼ばれる.$\Theta_{\mu\nu}$ は2階反変テンソル,$\frac{1}{\sqrt{-g}}\mathfrak{T}_{\sigma\nu}$ は2階混合テンソルである.

　方程式(5b)はテンソル $\Theta_{\mu\nu}$ の「発散」がゼロとなることを表している.これより,方程式(5b)が任意の変換に対して共変的であることが分かるが,この性質は物理的観点からも当然要求されてしかるべきものである.

　絶対微分計算の助けを借りて,相対性理論の方程式たちを対応する方程式たちに置き換えることにより,扱っている現象領域への重力場の影響を考慮した方程式系を得る.真空中での電磁過程については,この課題はすでにコトラー〔F. Kottler〕[*10] により達成されている.

　これまでに述べたことより,重力場の任意の物理過程への影響についての問題は,原理的に満足の行く形で解決され,しかも,その際に得られる方程式たちは,任意の変換に対して共変的となる.時空座標は,このため,それ自身では意味をもたない,任意に選ぶことができる補助変数に過ぎなくなる.したがって,重力場そのものを決定する量 $g_{\mu\nu}$ が満たす,**任意の変換に対して共変的な方程式**を見出すことに成功すれば,重力のすべての問題は満足の行く形で解決されるこ

とになる．ところが，実際には，この方法では我々の問題を
解決することに成功しなかった[*11]．ただし，再び基準系へ
の制限を追加することにより，問題の解決に成功した．我々
は，次の考察により，この解決法に自然に導かれる．何らか
の物質過程は（重力場を考慮しないと）それだけでは運動量と
エネルギーの保存則を満たすことができないことは明らかで
ある．この状況は，(5c)式の右辺に項が現れることに対応
している．一方，我々は物質過程と重力場を**合わせた**全体に
対し，保存則が成り立つことをきちんと要求しなければなら
ない．これより，我々は，重力場の応力，運動量密度，エネ
ルギー流密度，エネルギー密度に対する表式 $t_{\sigma\nu}$ が存在し，
物質過程の対応する量 $\mathfrak{T}_{\sigma\nu}$ と合わせて関係式

$$\sum_{\nu} \frac{\partial(\mathfrak{T}_{\sigma\nu} + t_{\sigma\nu})}{\partial x_\nu} = 0$$

を満たすのを要求することになる．$t_{\sigma\nu}$ が不変式論的に $\mathfrak{T}_{\sigma\nu}$
と同じ性質をもつとすると，この方程式の左辺は任意の変換
に対して共変的とはならない．それはおそらく，任意の線形
変換に対してのみ共変的となる．

　これより，保存則が成り立つことを要請するとすれば，基
準系を大幅に制限し，一般共変的な形で重力場の方程式を立
てるのを諦めることになる．

　したがって，ここに §4 で行った考察の適用限界がある．
保存則が上述の形で成り立つ基準系から出発して，加速変換
により新しい基準系を導入すると，新たな基準系では保存則

はもはや満たされない．それにもかかわらず，私は次の理由から，§1 での考察に基づいて導かれた方程式たちが根拠を失うことはないと信じる．その理由は，一方で，物理過程を任意の基準系において記述するのが確かに可能であること，他方で，ここで導入した基準系の特殊化によりそれらの方程式がどのように特殊化されるのか定かでないことである．

§7 重力場に対する方程式系

求める方程式系は，ポアソン方程式

$$\Delta\varphi = 4\pi k\rho$$

の一般化であろう．我々の理論では，φ の代わりに 10 個の量 $g_{\mu\nu}$ が重力場を決定するので，我々は 1 個の方程式の代わりに 10 個の方程式を得ることになる．同じく，ρ の代わりに，10 個の独立な成分をもつ対称テンソル $\Theta_{\mu\nu}$ が，方程式の右辺に場の源として登場することになる．したがって，求める方程式は

$$\Gamma_{\mu\nu} = \kappa\Theta_{\mu\nu}$$

という形をとるだろう．$\Gamma_{\mu\nu}$ は量 $g_{\mu\nu}$ から作られた微分式となる．これについては，我々は，線形変換に対して共変的でなければならないことを知っている．私はさらに，$\Gamma_{\mu\nu}$ が 2 より高い階数の微分係数を含まないことを仮定する．

さらに，保存則より次のことが要求される：(5b)式の第2項において，$\Theta_{\mu\nu}$ を $\frac{1}{\kappa}\Gamma_{\mu\nu}$ で置き換えると，この項は，(5b)式の第1項と同様に，微分係数の和の形に変形できないといけない．私の理解では，これらの条件が $\Gamma_{\mu\nu}$，したがって求める方程式の発見へ至るただ一筋の道を私に与えた．得られた方程式は

$$\Delta_{\mu\nu}(\gamma) = \kappa(\Theta_{\mu\nu} + \vartheta_{\mu\nu}) \qquad (7a)$$

と表される．ここで，

$$\Delta_{\mu\nu}(\gamma) = \sum_{\alpha\beta} \frac{1}{\sqrt{-g}} \frac{\partial}{\partial x_\alpha} \left(\gamma_{\alpha\beta}\sqrt{-g}\frac{\partial\gamma_{\mu\nu}}{\partial x_\beta} \right)$$
$$- \sum_{\alpha\beta\tau\rho} \gamma_{\alpha\beta}g_{\tau\rho}\frac{\partial\gamma_{\mu\tau}}{\partial x_\alpha}\frac{\partial\gamma_{\nu\rho}}{\partial x_\beta}$$

および

$$-2\kappa\vartheta_{\mu\nu} = \sum_{\alpha\beta\tau\rho} \left(\gamma_{\alpha\mu}\gamma_{\beta\nu}\frac{\partial g_{\tau\rho}}{\partial x_\alpha}\frac{\partial\gamma_{\tau\rho}}{\partial x_\beta} \right.$$
$$\left. - \frac{1}{2}\gamma_{\mu\nu}\gamma_{\alpha\beta}\frac{\partial g_{\tau\rho}}{\partial x_\alpha}\frac{\partial\gamma_{\tau\rho}}{\partial x_\beta} \right)$$

と置いた[†16]．物質過程と重力場を合わせた全体に対する運動量エネルギー方程式は

$$\sum \frac{\partial}{\partial x_\nu} \left\{ \sqrt{-g}g_{\sigma\mu}(\Theta_{\mu\nu} + \vartheta_{\mu\nu}) \right\} = 0 \qquad (9a)$$

という形をとる．(9a)式より，$\vartheta_{\mu\nu}$ は重力場に対して，$\Theta_{\mu\nu}$ が物質過程に対して果たすのと同じ役割を果たすことが分

かる. $\vartheta_{\mu\nu}$ は線形変換に対して反変的なテンソルであり, 我々はそれを重力場の反変応力エネルギーテンソルと呼ぶ. 要請2と整合的に, $\vartheta_{\mu\nu}$ は $\Theta_{\mu\nu}$ と同じ形で場の源項に現れる.

方程式において, 応力成分を[17]

$$\mathfrak{T}_{\sigma\nu} = \sum_{\mu} \sqrt{-g} g_{\sigma\mu} \Theta_{\mu\nu}$$

および

$$\mathfrak{t}_{\sigma\nu} = \sum_{\mu} \sqrt{-g} g_{\sigma\mu} \vartheta_{\mu\nu}$$

で置き換えると, 方程式はいくらか簡単になり,

$$\sum_{\alpha\beta\mu} \frac{\partial}{\partial x_\alpha} \left(\sqrt{-g} \gamma_{\alpha\beta} g_{\sigma\mu} \frac{\partial \gamma_{\mu\nu}}{\partial x_\beta} \right) = \kappa(\mathfrak{T}_{\sigma\nu} + \mathfrak{t}_{\sigma\nu})$$

(7b)

$$-2\kappa\mathfrak{t}_{\sigma\nu} = \sqrt{-g} \left(\sum_{\beta\tau\rho} \gamma_{\beta\nu} \frac{\partial g_{\tau\rho}}{\partial x_\sigma} \frac{\partial \gamma_{\tau\rho}}{\partial x_\beta} \right.$$
$$\left. - \frac{1}{2} \sum_{\alpha\beta\tau\rho} \delta_{\sigma\nu} \gamma_{\alpha\beta} \frac{\partial g_{\tau\rho}}{\partial x_\alpha} \frac{\partial \gamma_{\tau\rho}}{\partial x_\beta} \right)$$

という形になる. 保存則は

$$\sum \frac{\partial}{\partial x_\nu} (\mathfrak{T}_{\sigma\nu} + \mathfrak{t}_{\sigma\nu}) = 0$$

(9b)

という形になる. 方程式(7b)より, このようにして得られ

た方程式が要請 2 を満たすと結論できる[*12].

§8 ニュートン重力場

立てられた重力場の方程式は，確かに，大変複雑なもので
ある．しかし，以下の考察に基づくと，この方程式から容易
にいくつかの重要な帰結を導くことができる．通常の相対性
理論がよく知られている形で厳密に成り立つとすると，$g_{\mu\nu}$
と $\gamma_{\mu\nu}$ は次の表で与えられる：

$g_{\mu\nu}$ の表				$\gamma_{\mu\nu}$ の表			
-1	0	0	0	-1	0	0	0
0	-1	0	0	0	-1	0	0
0	0	-1	0	0	0	-1	0
0	0	0	c^2	0	0	0	$\dfrac{1}{c^2}$

しかし，そこで何らかの物理過程が起きる場合には，重力
場の方程式は，有界な領域において実際に基本テンソルの成
分がこれらの値をとることを許さない．ただし，これらのテ
ンソル成分の上記の定数値からのずれは，世界の我々が立ち
入ることができる領域では，非常に小さいと考えられる．こ
れらのずれをそれぞれ $g_{\mu\nu}^{*}$，$\gamma_{\mu\nu}^{*}$ と表記すると，それらならびにその導関数について線形項のみを残し，2 次以上の項を
すべて無視することにより，十分よい近似が得られる．この
近似のもとで，方程式(7a)と(7b)は次の形になる：

$$\Box g_{\mu\nu}^* = \frac{\partial^2 g_{\mu\nu}^*}{\partial x^2} + \frac{\partial^2 g_{\mu\nu}^*}{\partial y^2} + \frac{\partial^2 g_{\mu\nu}^*}{\partial z^2} - \frac{1}{c^2}\frac{\partial^2 g_{\mu\nu}^*}{\partial t^2}$$

$$= \kappa T_{\mu\nu}. \tag{7c}$$

ここで，$T_{\mu\nu}$ は，内部相互作用のない質量流に対して，配列

$$\left.\begin{matrix}
\dfrac{\rho_0 c^2}{c^2-q^2}\dot{x}\dot{x} & \dfrac{\rho_0 c^2}{c^2-q^2}\dot{x}\dot{y} & \cdot & -\dfrac{\rho_0 c^2}{c^2-q^2}\dot{x} \\[2.5ex]
\dfrac{\rho_0 c^2}{c^2-q^2}\dot{y}\dot{x} & \cdot & \cdot & -\dfrac{\rho_0 c^2}{c^2-q^2}\dot{y} \\[2.5ex]
\cdot & \cdot & \cdot & -\dfrac{\rho_0 c^2}{c^2-q^2}\dot{z} \\[2.5ex]
-\dfrac{\rho_0 c^2}{c^2-q^2}\dot{x} & \cdot & \cdot & \dfrac{\rho_0 c^2}{c^2-q^2}
\end{matrix}\right\} \tag{8}$$

で与えられる[†18]．

次のような近似をさらに導入すると，ニュートン系が得られる：

1. 場の生成源として，（内部相互作用のない）質量流のみを考慮する．

2. 場を生み出す質量がもつ速度の影響は無視し，したがって，場は静的なものとして扱う．

3. 質点の運動方程式において，速度および加速度の成分は小さい量として扱い，それらについて次数の最も低い項のみを残す．

最後に，さらに，$g_{\mu\nu}^*$ は無限遠でゼロになると仮定する．

すると，Δ をラプラス作用素として，(7c)式および(8)式より，

$$\left.\begin{array}{l}\Delta g^*_{\mu\nu} = 0 \quad (\mu = \nu = 4 \text{ 以外の場合}) \\ \Delta g^*_{44} = \kappa c^2 \rho_0\end{array}\right\} \quad (7\text{d})$$

が導かれる．よく知られているように，これより，

$$\left.\begin{array}{l}g^*_{\mu\nu} = 0 \quad (\mu = \nu = 4 \text{ 以外の場合}) \\ g^*_{44} = \dfrac{\kappa c^2}{4\pi} \displaystyle\int \dfrac{\rho_0 dv}{r}\end{array}\right\} \quad (10)$$

が導かれる．ここで，積分は3次元空間全体で行い，r は dv と原点の距離を表わす．(1b)式ないし(1b′)式より，上で定めた近似のルールを考慮すると，

$$\ddot{x} = -\frac{1}{2}\frac{\partial g^*_{44}}{\partial x} \quad (1\text{c})$$

が得られる．方程式(9)と(1c)はニュートンの重力理論を含んでおり，通常の重力定数 K は我々の定数 κ と関係式

$$K = \frac{\kappa c^2}{8\pi} \quad (11)$$

により結ばれている．これより，

$$K = 6.7 \cdot 10^{-8}, \quad \kappa = 1.88 \cdot 10^{-27}$$

となる．

ここで用いている近似のもとでは，「自然な」4次元要素

ds として,

$$ds = \sqrt{-dx^2 - dy^2 - dz^2 + g_{44}dt^2}$$

を得る. ここで,

$$g_{44} = c^2 \left(1 - \frac{\kappa}{4\pi} \int \frac{\rho_0 dv}{r} \right)$$

である.

座標長は自然長と同じであることが分かる $(dt = 0)$. したがって, 物差しは「ニュートン」重力場により変形を受けない. それに対して, 時計の進む速さは重力ポテンシャルに依存する. 実際, $dx = dy = dz = 0$ と置く場合, この速度を表す尺度は $\frac{ds}{dt}$ だが, その値は

$$\frac{ds}{dt} = \sqrt{g_{44}} = 定数 \cdot \left(1 - \frac{\kappa}{8\pi} \int \frac{\rho_0 dv}{r} \right)$$

となる.

したがって, 時計は, 近くにより大きな質量が置かれるほど, よりゆっくり進む[*13]. 我々の理論がこの結果をノルドストレム理論と共有しているのは興味深い.

光線 $(ds = 0)$ に対し, 速度は

$$\mathfrak{L} = \left[\sqrt{\frac{dx^2 + dy^2 + dz^2}{dt^2}} \right]_{ds=0}$$

$$= \sqrt{g_{44}}$$

$$= c \left(1 - \frac{\kappa}{8\pi} \int \frac{\rho_0 dv}{r} \right)$$

となる〔$\mathfrak{L}$ は L のフラクトゥール体〕.

したがって，いま考えている理論によると，ノルドストレム理論と異なり，光線は重力場により曲げられる．これは，これまでに見出された実験的に検証可能な唯一の帰結である．

計算においてさらなる近似を導入することなしに，いま考えている場における質点の厳密な運動方程式を与えよう．それは一般の運動方程式(1b′)より得られ，

$$\frac{d}{dt}\left\{-m\sum_{\nu}g_{\sigma\nu}\frac{dx_{\nu}}{ds}\right\} = -\frac{1}{2}m\sum_{\mu\nu}\frac{\partial g_{\mu\nu}}{\partial x_{\sigma}}\frac{dx_{\mu}}{ds}\frac{dx_{\nu}}{dt} \tag{1b″}$$

となる.

ニュートン場という特別の場合には，これより

$$\frac{d}{dt}\left\{m\frac{\dot{x}}{\sqrt{g_{44}-q^2}}\right\} = -\frac{1}{2}m\frac{\dfrac{\partial g_{44}}{\partial x}}{\sqrt{g_{44}-q^2}} \tag{1c′}$$

を得る.

§9 慣性の相対性について

(1c′)式より，ニュートン重力場中でゆっくり運動する質点に対する運動量 I とエネルギー E は，次の方程式で与えられる：

$$
\left.\begin{aligned}
I_x &= m \left(1 + \frac{\kappa}{8\pi} \int \frac{\rho_0 dv}{r}\right) \frac{x}{c}, \cdots \\
E &= mc \left(1 - \frac{\kappa}{8\pi} \int \frac{\rho_0 dv}{r}\right) \\
&\quad + \frac{1}{2} \frac{m}{c} \left(1 + \frac{\kappa}{8\pi} \int \frac{\rho_0 dv}{r}\right) q^2.
\end{aligned}\right\}
\tag{12}
$$

したがって，E に対する表式の第 1 項が示すように，静止した質点のエネルギーは，その近傍に質量が集まると減少するが，一方で，同じ状況で着目している質点の慣性は**増大する**．この結果は理論的に非常に興味深い．というのも，物体の慣性が，その近傍への質量の集積により増大しうるとすると，質点の慣性が他の質量の存在により**決定される**と考えざるを得ない．したがって，慣性は，加速する質点と残りすべての質点とのある種の相互作用により決まるようである．

この結果は，以下のことをよく考えると，たいそう満足のゆくものに思える．物体 A の速度，したがって加速度についても，それ自体について語ることに意味はない．物体 A の他の物体 B, C に対する相対的な速度および加速度についてのみ語ることができる．運動学的に加速度について成り立つことは，物体が加速に抵抗して生み出す慣性抵抗についても成り立ちうる．慣性抵抗が，着目している物体 A の，他のすべての物体 B, C, $\cdots$ に相対的な加速度に対する抵抗に他ならないということは，必然的とは言えないまでも[*14]，前もって予想されたことである．マッハが彼の著書『力学の

歴史』[†19] において，初めて非常に鋭くかつ明瞭にこの観点を主張したことはよく知られているので，ここでは単に彼による解説を参照するにとどめる．ウィーンの数学者ホフマン〔W. Hofmann〕による才気あふれる小冊子[†20] でも，独立に同じ考えが主張されていることも指摘しておく．いま概略を説明した考え方を「慣性の相対性仮説」と呼ぶことにする．

　誤解を避けるために，私はマッハのように慣性の相対性が論理的に不可避なものだと考えているわけではないことを再度述べておく．しかし，慣性の相対性が満たされる理論の方が，現在我々になじみのある理論より満足のゆくものとなる．なぜなら，後者で導入される慣性系の運動状態は，一方で，観測可能なものの状態により引き起こされず，したがって，直接感知できるものの影響を受けないにもかかわらず，他方で質点の振る舞いを決定するので．

　しかし，慣性の相対性という主張は，質量 A の慣性が，静止した質量 $B, C, \dots$ がその近傍に集まると増大することだけでなく，質量 $B, C, \dots$ が質量 A とともに加速される場合にはそのような慣性抵抗の増加は起こらないことも要求する．このことは次のようにも言い表せる：質量 $B, C, \dots$ の加速は，加速度と同じ向きに A を加速する力を生み出さねばならない．これより，そのような加速力は，単なる $B, C, \dots$ の**存在**により生じた慣性の増大を打ち消してあまりあるものでなければならない．なぜなら，系の慣性とエネルギーの間の関係に従うと，系 $A, B, C, \dots$ は全体として，ポテ

ンシャルエネルギーが減少するにつれ，慣性がより小さくならなければならないので．

この要請が我々の理論で満たされていることを見るためには，方程式系(7c)の右辺において，場の源となる質量の速度について1次の項も考慮しなければならない．その場合，方程式系(7d)の代わりに次式を得る：

$$\left.\begin{array}{l} \Box g_{\mu\nu}^* = 0 \quad (\mu \neq 4, \nu \neq 4) \\ \Box g_{14}^* = -\kappa\rho_0\dot{x} \\ \Box g_{24}^* = -\kappa\rho_0\dot{y} \\ \Box g_{34}^* = -\kappa\rho_0\dot{z} \\ \Box g_{44}^* = -\kappa c^2 \rho_0. \end{array}\right\} \tag{7e}$$

いまの場合，g_{14}, g_{24}, g_{34} はゼロでないので，質点の運動方程式(1b″)は(1c′)と異なる．詳しく書くと

$$\frac{d}{dt}\left\{ m\left(\frac{dx}{ds} - g_{14}\frac{dt}{ds} \right) \right\}$$
$$= -\frac{1}{2} m \left(2\frac{\partial g_{14}}{\partial x}\frac{dx}{ds} \right.$$
$$\left. + 2\frac{\partial g_{24}}{\partial x}\frac{dy}{ds} + 2\frac{\partial g_{34}}{\partial x}\frac{dz}{ds} + \frac{\partial g_{44}}{\partial x}\frac{dt}{ds} \right), \dots$$

となる．ゆっくり運動する質点に対しては，この方程式はなじみのある3次元ベクトル表記法を用いて次のように表される：

$$\ddot{\mathfrak{r}} = -\frac{1}{2}\operatorname{grad} g_{44} + \dot{\mathfrak{g}} - [\dot{\mathfrak{r}}, \mathfrak{o}]. \tag{1d}$$

ここで,

$\mathfrak{r}$ =質点の動径ベクトル,

$\dot{\mathfrak{r}} = \dfrac{d\mathfrak{r}}{dt}, \cdots,$

$\mathfrak{g}$ 　成分 (g_{14}, g_{24}, g_{34}) をもつベクトル,

$\mathfrak{o} = \mathrm{rot}\, g.$

場の源となる質量の速度(成分 $\dot{x}, \dot{y}, \dot{z}$)[21] を $\mathfrak{v}$ で表すと〔$\mathfrak{r}, \mathfrak{g}, \mathfrak{o}, \mathfrak{v}$ はそれぞれ r, g, o, v のフラクトゥール体〕, (7e)式は簡潔に

$$\left.\begin{array}{l} \Box \mathfrak{g} = -\kappa \rho_0 \mathfrak{v}, \\ \Box g_{44}^* = -\kappa c^2 \rho_0 \end{array}\right\} \qquad (7e')$$

と書かれる[22].

方程式(7e′)と(1d)は, 新しい重力理論では, ゆっくり運動する質量が互いにどのように作用するかを表している. この方程式系は, 大体において, 電気力学の方程式系と対応し, 符号と(1d)式の右辺の第 1 項に因子 $\dfrac{1}{2}$ が現れる点を除くと, g_{44} が電荷を帯びた質量のスカラーポテンシャルに対応する. $\mathfrak{g}$ は電流の生み出すベクトルポテンシャルに対応する: (1d)式の右辺の第 2 項はベクトルポテンシャルの時間変化に由来する電場強度に対応し, ちょうど加速度と同じ向きの誘導作用を生み出す. この作用は, エネルギーの慣性という観点から当然予想されるものである. ベクトル $\mathfrak{o}$ は, 電気力学では, 磁場の強度(ベクトルポテンシャルの rot)に対応し, したがって(1d)式の最後の項はローレンツ力に対

応する.

さらに，コリオリ力という名で知られる，$[\dot{\mathfrak{r}}, \mathfrak{o}]$ という形の項が，力学の相対運動の理論で登場することが思い起こされる．$(7e')$ 式より，回転する球殻の中では，ベクトル場 $\mathfrak{o}$ が存在し，球殻内につるされた振り子の振動面は空間的に固定されておらず，球殻の回転によって回転と同じ向きに歳差運動しなければならないことが示される．この結果は，また，慣性の相対性という観点から予想可能で，ずっと前から予想されていた．我々の理論が，この点においてもそのような観点とマッチすることは注目に値する；ただ残念ながら，期待される効果は非常にわずかで，地上実験や天文学によりそれを確認することは望めない．

§10 結び

以上では，重力理論がたどる最も自然な道について概説した．その一つは，なじみのある相対性理論にとどまる，すなわち，自然法則を表す方程式系が線形直交変換に対してのみ共変的であると仮定する道である．その場合，重力のスカラー型理論(ノルドストレム理論)を立てることになり，理論は単純で，重力理論に対して課されるべき主な要請は満足されるが，慣性の相対性はその帰結に含まれない．もう一つは，相対性理論をすでに述べた概略に沿って一般化する道である．この場合，かなり複雑な方程式系に至る．しかし，求め

る方程式系は驚くほど少ない仮説に基づいて導かれ，慣性の相対性の主張が満たされる．

　第1の道と第2の道のいずれが基本的に自然に即したものであるかは，日食の際に太陽近傍に現れる恒星の撮影によって決定されるはずである．1914年の日食[†23] によりきっと決定的な裁定が下されると期待している．

　　質疑〔論文につづき掲載．pp. 1262-1266〕

ミー〔G. Mie〕：　アインシュタイン氏の興味深い講演に対して，まず，理論の発展の歴史についていくつか補足をしたいと思います．アインシュタイン氏はこの点について非常に短くしか触れませんでした．ノルドストレム理論は，アブラハムの研究に端を発します．私は，アブラハムが重力に対するそれなりに合理性のある方程式系を初めて立てた人であることをここでぜひ言っておきたいと思います．彼以前，人々は常に重力場を電磁場と似た形で表そうと試み，実に様々な古い重力理論が生まれました．それに対し，アブラハムは一つの新たな可能性を見出しました．まず，古い試みでは相対性原理と整合的にすることができませんでした．それは，慣性質量と重力質量が等しいという法則が十分厳密に満たされるとすると，重力場は6元ベクトルでは表されないためです．そこで，アブラハムは，まず，スカラーの重力ポテンシャルをもつ理論を立てました．私は，ここでひとまず，そ

の場の方程式をスカラーポテンシャルを用いて，私が後ほど与えた少し一般的な形で書き下したいと思います．重力場は4元ベクトル $(\mathfrak{g}_x, \mathfrak{g}_y, \mathfrak{g}_z, i \cdot u)$ を用いて表されますが，また別のベクトル $(k_x, k_y, k_z, i \cdot w)$ を用いても同じように表すことができます．これら2つの4元ベクトルは，お互いに，電場における場の強さと電気変位，あるいは弾性体における応力と変形の関係と似た関係にあります．さらに，重力場を記述するには，重力ポテンシャルと呼べる4次元スカラー ω も必要です．以上のもとで，場の方程式は次のように表されます：

$$\mathfrak{g}_x = \frac{\partial \omega}{\partial x}, \quad \mathfrak{g}_y = \frac{\partial \omega}{\partial y}, \quad \mathfrak{g}_z = \frac{\partial \omega}{\partial z}, \quad u = -\frac{\partial \omega}{\partial t},$$

$$\frac{\partial k_x}{\partial x} + \frac{\partial k_y}{\partial y} + \frac{\partial k_z}{\partial z} + \frac{\partial w}{\partial t} = -\gamma \cdot \rho.$$

ここで，γ は普遍定数で，ρ は重力質量の密度です．2つのベクトル $(\mathfrak{g}, i \cdot u)$ と $(\mathbf{k}, iw)$ を同一視すると，アブラハムが扱った方程式系が得られます．しかしながら，彼はここで，ρ を慣性質量の密度に等しいと置く間違いを犯しました．この量は，相対性理論によるとさらにエネルギー密度と等しいことになります．すると，しかし，いま述べた方程式の左辺は4次元スカラー，すなわちローレンツ変換に対する不変量となりますが，エネルギー密度はそれに対して不変量でないので，このやり方では相対性原理が当然満たされなくなります．

さて，ノルドストレムは，ローレンツ変換で不変な量を ρ の代わりに用いることにより，この理論を改良しました．ほぼ同じ頃，私も一つの重力理論を立てました．ただ，私の理論は，一般的な物質の理論に関する広い領域をカバーした研究に紛れ込んでしまっており，そのせいでアインシュタイン氏は私の研究を見逃したのでしょう（アインシュタイン：いいえ）．それなら，彼はまだ私の論文を読んでいないのでしょう．さもなければ，私の論文に言及したはずです．私の信じるところでは，私の理論は，非常に明快であるという長所をもっており，これより，例えば，粒子に働く力の計算を非常に簡単に行うことができます．アインシュタインの理論ではこの点は完全にはうまく行っていないように私には見えます．さらに，私の定式化は非常に一般的で，量 $(\mathbf{g}, i \cdot u)$ と $(\mathbf{k}, i \cdot w)$ を同一視しないので，多くの特別の場合を特殊化として対等に導くことが可能となります．まず理想的な真空，すなわちすべての物質から遥かに離れた空間では，これら2つの量は互いに等しくなります．これに対し，物質内部における2つの量の互いの依存関係については，前もって何も仮定する必要がありません．私は，まだ，ノルドストレムの理論と私の理論との詳細な比較はしていませんが，彼の理論では $(\mathbf{g}, iu) = (\mathbf{k}, iw)$ と置かれています．もしこの条件がなければ，2つの理論は多分ほぼ一致するでしょう．私は，ρ として通常，静止質量密度と呼ばれている量を用いました．この量は4次元スカラーで，通常の状況で

は慣性質量の密度と区別できません．なので，相対性理論において物体の慣性質量がそのエネルギーと等しくなるように，静止質量はハミルトン関数と一致します．したがって，静止質量の密度はハミルトン関数の密度で，それゆえ，私はそれを私の論文では H で表し，簡潔に「ハミルトン関数」と呼んでいます．アインシュタインの理論はこの理論より大幅に複雑なわけではありません．その基礎方程式系は，いましがた書き下したものと非常に似ています．アインシュタインがすでに強調したように，彼の理論は，重力ポテンシャルが 4 次元スカラーではなく，4 次元テンソルである点が特徴です．私はこのポテンシャルの成分を $\omega_{\mu\nu}$ と表すことにします．ここで，μ と ν は 1 から 4 までの数を走り，$\omega_{\mu\nu} = \omega_{\nu\mu}$ が成り立ちます．それに対応して，重力場は単純な 4 元ベクトルではなく，3 階の時空量で表されます．この量は，いわば 10 個の 4 元ベクトルからなり，その一つ一つにテンソル成分 (μ, ν) を対応させることができます．私は，この 3 階の量を $\mathfrak{g}_{\mu\nu x}$, $\mathfrak{g}_{\mu\nu y}$, $\mathfrak{g}_{\mu\nu z}$, $i \cdot u_{\mu\nu}$ と表記することにします．私の理論と同様に，アインシュタインの理論でも，さらに，場を同じようにうまく記述できる 2 番目の量が存在します．この量は，理想的な真空でのみ $(\mathfrak{g}_{\mu\nu}, iu_{\mu\nu})$ と一致します．私は，それらの量を $k_{\mu\nu x}$, $k_{\mu\nu y}$, $k_{\mu\nu z}$, $i \cdot w_{\mu\nu}$ と表記することにします．すると，アインシュタインの重力理論における基礎方程式系は，次のように表されます：

$$\mathfrak{g}_{\mu\nu x} = \frac{\partial \omega_{\mu\nu}}{\partial x}, \quad \mathfrak{g}_{\mu\nu y} = \frac{\partial \omega_{\mu\nu}}{\partial y}, \quad \mathfrak{g}_{\mu\nu z} = \frac{\partial \omega_{\mu\nu}}{\partial z},$$

$$u_{\mu\nu} = -\frac{\partial \omega_{\mu\nu}}{\partial t},$$

$$\frac{\partial k_{\mu\nu x}}{\partial x} + \frac{\partial k_{\mu\nu y}}{\partial y} + \frac{\partial k_{\mu\nu z}}{\partial z} + \frac{\partial w_{\mu\nu}}{\partial t} = -\gamma \cdot h_{\mu\nu}.$$

私は，この方程式を，スカラーポテンシャル理論とのアナロジーがすぐに分かるような形で書きました．アインシュタインは，私が γ と記した重力定数を κ で表し，私が $\omega_{\mu\nu}$ と書いた量を $g_{\mu\nu}/2\kappa$ と名付けています．量 $(\boldsymbol{k}_{\mu\nu}, i w_{\mu\nu})$ は，彼の方程式では，係数が $\omega_{\mu\nu}$（すなわち $g_{\mu\nu}$）に依存する $(\mathfrak{g}_{\mu\nu}, i u_{\mu\nu})$ の線形結合として登場します．$h_{\mu\nu}$ は重力質量の密度を表すテンソルです．量 $h_{\mu\nu}$ が応力エネルギーテンソルと一致すると，慣性質量と重力質量が原理的に全く等しくなります．しかし，これは全く正しくなく，$h_{\mu\nu}$ は応力エネルギーテンソルの成分とは異なっており，それに伴い重力質量は物体に含まれるエネルギーと等しくありません．むしろ，2つの質量の関係はさらに，例えば速度や温度のような別の量にも依存します．アインシュタインもすでに言及したように，重力質量と慣性質量の関係は重力ポテンシャルに依存します．物体の個々の原子はその周りに重力場を伴っているので，物体の2つの質量の関係は，いずれにせよ，その密度にも依存しなければなりません．

アインシュタイン：　私はミー氏の理論について話しません

でしたが，それは，彼の理論では慣性質量と重力質量の同値
性が厳密に保たれていないためです．私がある要請を出発点
としながら，それを尊重しなかったとすると，それは非論理
的でしょう．私がミー理論をこれなら十分と言えるほど詳細
に検討したわけではないことは認めますが，この脈絡でそれ
に言及しないことにより，ミー理論を貶めようなどという気
持ちは全くありませんでした．ノルドストレム理論に関して
は，ノルドストレムにより開かれた道をアブラハムが最初に
開いたとは私には言えません．なぜなら，光速は，一定でな
く，いわば重力ポテンシャルに対する尺度と見なされるべき
であるという考えを，アブラハム理論が基礎に置いているか
らです．それにもかかわらず，彼はなじみのある相対性理論
の形式を用いており，その結果，矛盾に満ちたどっちつかず
の状態に陥っています．この異議は非常に重大で，そのよう
な理論は私には全く根拠薄弱なものに思えます．

ミー：　私はこれらの異議はもっともなものだと思います．
しかし，アブラハム理論の方程式系を知っていれば，ノルド
ストレム理論に到達するのはさほど難しくありません．私の
知る限り，ノルドストレムは直接アブラハムの方程式系から
出発しています．

アインシュタイン：　はい，心理的には確かにそうでしょう
が，論理的には違います．なぜなら，ノルドストレム理論は

アブラハム理論と根本的に異なるからです.

ミー： 私はまもなく発表する研究において，アインシュタイン理論も慣性質量と重力質量が等しいという要請を絶対的な厳密さでは満たさないことを証明します.

 さて，さらにもうひとつの疑念について話したいと思います．それはこの集会に参加している全員の方々にも興味のある話だと信じます．アインシュタイン氏は彼の論文で，一般相対性という興味深い原理を要請しているように私には思えます．確かに，この原理は現存する理論ではまだ満たされていませんが，しかしそれでも，それ自身について一度検討するのは大変興味深いことです．それが物理的に一体何を意味するのか私には分かりませんでした．今回のアインシュタイン氏の講演で，彼は，加速を絶対的に検知することさえ不可能であるとするマッハの考え方をさらに深く追究しようとしているように私には思えました．しかし，そのような一般化された相対性原理という考え方に対しては，物理学者として大変深刻な異議を唱えざるを得ません．一つだけ例を挙げましょう．外部の世界から遮断された鉄道の車両に人が乗っているとします．その人は車両の内部でガタゴトと揺すられ，その際自分の体で感じる力の作用を，車両の不規則な揺れによる慣性の作用だと説明するでしょう．いま議論している観点によると，一般化された相対性原理は，静止していると想定している電車の車両の周りで不規則な運動を行い，我々が

慣性作用と見なしていたのと同じ作用を我々の体に及ぼすような，重力を伴う質量を想定することが可能だと主張します．そのような虚構は，例えば潮の満ち干の計算のために，計算の非常に困難な慣性効果を仮想的に想定した惑星で置き換えることがあるように，数学的には時には大変有用です．しかし，この仮想的な惑星を実在する物体と見なすことは，どの物理学者も考えつかないでしょう．同じように，鉄道車両での慣性作用を物理的に質量の重力作用と解釈できる人はほとんどいないでしょう．そのような解釈は，そもそも，物理学研究の原則との矛盾に導くでしょう．したがって，ここで論じられた一般化された相対性原理という考え方は物理的意味をもたないと思います．

アインシュタイン（校正の際に追加されたコメント）：　私の理論でも同じく，相対性原理はその最も一般的な意味では満たされていません．保存則は，講演で述べたような，基準系に対する強い制限に導きます．私の理論では重力質量と慣性質量の等値性の要請が満たされていないという異議に対する回答は，たぶん私が優位に立っていると思いますが，ミー氏がこの異議に関する論文を発表するまでしばらく延期します．

リーケ〔E. Riecke〕：　理論にはいくつかの解決すべき課題があります．まず，物理的事実をできる限り簡潔に表現しなければなりません．しかし，後々，新たな事実を発見するた

めの手引き書ともならねばなりません．実験物理は，当初，相対性理論に対し非常に批判的でした．不十分な実験的な基盤の上に新たに特異な理論が展開されているように我々には見えました．しかし，流れは変わりました．我々は皆，新しい理論がこれまで理解できなかった事柄にどのような新たな説明をもたらしたかを承知しています．これに関して，私はアインシュタイン氏にあえて一つ質問をしたいと思います．ファラデー〔M. Faraday〕は，多分，最も多くの新しい発見をした物理学者です．しかし，彼は，また，自分では発見しなかったものの，後ほど発見された事柄についても探求しました．ファラデーが探し見つけられなかったことの一つに，重力場と電磁場の関係に関する研究があります．問題となるのは，それらがお互い無関係に存在するのか，それとも互いに影響を及ぼし合うのかという疑問です．ここで，新しい理論は，そのような関係の証明の可能性について何を語るのだろうかという疑問が生じます．この点について少し話を聞ければ面白いと思います．

アインシュタイン： 　理論によると，明らかに電磁場と重力場はお互いに影響を及ぼし合いますが，影響は非常に小さく，それを実験的に検証する試みは見込みがないと思われます．唯一，太陽の重力場による光線の曲がりのみが観測可能な範囲にあると思われます．

ハーゼンオール〔F. Hasenöhrl〕：　私は，アインシュタイン氏に，太陽の重力場による光線の偏向は，1秒角程度の大きさですが，それが実際に観測可能で，しかも計測できるということを，どの程度まで確信しているかについて尋ねたい．

アインシュタイン：　私が問い合わせた天文学者の意見では，そのような偏向は完全に確認可能な範囲にあるとのことです．

イェーガー〔G. Jäger〕：　それでは，天文学者は，そのような偏向を説明する理由を別にもっと見つけることはないのでしょうか？

アインシュタイン：　私はそうは思いません．偏向の大きさは $1/R$ に比例します．大気のいかなる影響も距離とともにずっと速く減少します．したがって，私は，そのような偏向が別の方法で説明されるとは思いません．

ツェンプレン〔G. Zemplén〕（シュッツ〔von Schütz〕の質問について）：　エトヴェシュの方法は，地上の重力が遠心力と質量による引力との合力であるという事実に基づいています．異なる物質に対して，単位質量あたりに働く引力が異なると，2つの異なる物質に働く重力は，大きさだけでなく方向も異なることになります．したがって，捩れ秤の腕の両側に異なる素材からなるおもりをつるすと，重力の働く方向の

違いが針金の捩れを生み出すことになります．細心の注意
を払った実験にもかかわらず，そのような効果が観測されな
かったので，エトヴェシュはすでに 20 年以上前に，単位質
量あたりに働く引力は 1/20,000,000 の精度で物質の性質に
依存しないと結論しました．ペカール〔D. Pekár〕とフェケ
テ〔E. Fekete〕により共同で行われた新たな実験により，こ
の精度は 1/100,000,000 にまで高められました．（以下を参
照：Eötvös, *Mathem. u. naturw. Berichte aus Ungarn*
（ハンガリーよりの報告）VIII（1890）; *Ann. d. Phys.* 15,
p. 688（1891）の付録；第 XVI 回国際測地学会議総会（1909）
における論文「ハンガリーにおける測地学的研究，特に捩れ
秤を用いた測定について，第 VI 章」）

ミー：　エトヴェシュの実験の意義に関するアインシュタイ
ン氏の話より，皆さんは，多分，私の理論がこの実験結果と
整合的かどうかについて十分に検討していないと結論される
かもしれません．しかし，それは違います．確かに，私は，
慣性質量と重力質量が絶対的に等しいわけではないと仮定し
ました．しかし，2 つの質量の比は（分子の熱運動のため）定
数からずれますが，そのずれは実験的には決して検出できな
いほどわずかなものです．ずれの値は大きくても 10^{-11} 程
度で，それを検出するためには，例えば振り子を用いて測定
する場合，振り子の長さを原子の直径より短い長さまで精密
に計測できなければなりません．したがって，エトヴェシュ

の実験や他の類似の実験により私の理論を否定することはできません.

アインシュタイン:　それも私の意図したこととは全く違います.　しかし,　慣性質量と重力質量の一致がそのような高精度で成り立つことが明らかになったのは,　理論の発展に対する最も重要な示唆の一つだと私には思えます.　そのような一致をより深く理解したいという欲求が,　マッハが擁護した慣性の相対性という見方と並んで,　もっぱら私を重力の問題の研究に駆り立てた要因でした.　したがって,　私の出発点となった信念と合わない理論は私には無縁だというのは当然のことです.　しかし,　そのような理論は,　経験的知見の現状に基づくと拒絶すべきであると主張しているわけでは全くありません.

ライスナー〔H. J. Reissner〕:　アインシュタイン氏は,　重力場が光線の振動エネルギーを変化させる作用について話されました.　さて,　私はさらに,　これと関連した一つの非常に初等的な疑問,　すなわち重力場がそれ自身の静的な場のエネルギーへ及ぼす作用について,　アインシュタイン氏の意見を伺いたいと思います.

ラプラス方程式の一般化に当たるアインシュタインの非線形なポテンシャル方程式において,　アインシュタイン氏が示したように,　一つの項を静的な場のエネルギーの重力作用と

解釈することができます．それでは，純粋の重力場の静的な
エネルギーが，慣性をもち重力を伴うにもかかわらず，重量
をもつ質量に備わる他の特性を欠いている，すなわち，重力
の作用を受けて運動するということがないとすると，それは
どのように正当化される，あるいは数学的に導かれるのでし
ょうか？　あるいは，空っぽな空間の場のエネルギーが重力
の影響を受けるとすると，場はどのようにして静的に留まる
のでしょうか？　重量をもつ質量のエネルギーが，他のエネ
ルギー形態とは異なる，それに固有のものだとすると，その
ような特別の種類のエネルギーをどのように識別すればよい
のでしょうか？

アインシュタイン（後で修正された回答）：　重力場がない場合，
静電場の応力は平衡を保っています．この平衡状態は，重力
場の存在によりわずかに修正を受けるものの，壊されるこ
とはありません．比較として，容器に閉じ込められたガスを
考えると，その各部分は，ガス圧により平衡状態に保たれま
す．重力場の作用が加わると，その釣り合いは修正を受けま
すが，しかし釣り合いが破れることはありません[†24]．

ボルン〔M. Born〕：　私はアインシュタイン氏に，あなた
の理論によると重力作用はどのくらいの速さで広がるのか
について質問したいと思います．それが光速で起きるという
ことは私には明らかでありません．それらは大変複雑な関係

にあるに違いありません.

アインシュタイン: 場に引き起こされた擾乱が無限小の場合に対し方程式を書くのは極めて簡単です. その場合, g はそのような擾乱がなかった場合の値から無限小だけしかずれません. すると, 擾乱は光と同じ速度で伝搬します.

ボルン: しかし, 大きな擾乱の場合には多分, 大変複雑になります.

アインシュタイン: はい, その場合は数学的に複雑な問題になります. 方程式系が線形でないので, その厳密解を見出すことは一般には困難です.

イェーガー: アインシュタインに基礎実験を行うことについてどのように考えているかを語っていただきたい. また, この会場におられる天文学者の方々に, それについての見解を尋ねるのも面白いでしょう.

アインシュタイン: 天文学者たちがどのようにしてそれを行うべきかについて詳細を確定することは, 私にはできません. 重要なのは, 太陽の接近が恒星の見かけの位置に影響するかどうかを判定するために, 皆既日食の際に太陽近傍にある恒星の写真を撮ることです.

イェーガー：　　天文学者は，恒星の像の変化は太陽がそばにあるかどうかでも生じ，アインシュタインが見つけようとしている変化は，その効果により完全に隠されてしまうと考えていないのですか？

アインシュタイン：　　それについては専門家の判断を待つしかないでしょう．当面は，撮影の結果がどうなるかを待つしかありません．

ミー：　　さらに，様々な重力理論からの別の実験的帰結に注意を向けたいと思います．アインシュタイン理論によると，重力ポテンシャルが大きな場所における原子の振動数は重力ポテンシャルがゼロの場合と違っていなければなりません．したがって，大きな質量をもつ恒星の光の線スペクトルは地球で観測される線スペクトルからずれないといけません．これは私の理論では起きません．私がここで指摘したいのは，私の理論はある明確な原理に基づいていることです．もちろん，私は重力質量と慣性質量の一致という原理を放棄しましたし，また，いかなる理論もそのような原理に基づくことはあり得ないと信じています．その代わりとして，私は重力ポテンシャルの絶対的な値はいかなる物理現象にも影響を与えないという原理を用います．私はそれを重力ポテンシャルの相対性の原理と呼びます．したがって，私の理論では，アインシュタイン理論が予言するようなスペクトル線のずれは期

待されません.

アインシュタイン: はい, その通りです. 私の理論, および ノルドストレムの理論によると, それが起きます. すなわ ち, 振動子をここから太陽に運ぶと, ゆっくりと振動しなけ ればなりません. しかし残念なことに, 線スペクトルのずれ は他の原因でも起きるので, そのようなずれがまさにこの原 因で起きたと証明するのは大変困難です.

原 注

*1　B. Eötvös, *Mathem. und naturw. Ber. aus Ungarn*〔ハ ンガリーよりの報告〕. VIII (1890). Beibl〔同誌付録〕15, p. 688 (1891).

*2　これらの表式は, 一般に使われているものと定数因子 $\frac{1}{c}$ だけ異なる.

*3　ハミルトン積分は不変量でなければならないことを考慮 している.

*4　我々は, すべての位置および任意の時刻においてこれが 実現可能であると仮定することにする. これは, 要請 4 の 特別な場合に当たる.

*5　A. Einstein, *Ann. d. Phys.*(4) 35, p. 898 (1911)を参 照. 〔関連論文リスト[11]〕

*6　この観点は §6 において修正されることになる. しかし, 我々は当面, この観点を厳密に保持することにする.

*7　一般化された相対性理論と重力理論の草案, ライプチヒ, B. G. Teubner (1913). 〔[掲載論文 3]〕

*8　Christoffel, 2 階同次微分式の変換について, *Journ. f. Math.* 70, p. 46 (1869).

*9　Ricci and Levi-Civita, 絶対微分計算の方法とその応用, *Math. Ann.* 54, p. 125 (1900).

*10　Kottler, ミンコフスキー世界の時空直線について, Wien. Ber. 121 (1912).

*11　先日, 私はそのような一般共変的な解はそもそも存在し得ないことの証明を見出した.

*12　すなわち, 例えば, 重力場に対する量 $t_{\sigma\nu}$ は, 量 $\mathfrak{T}_{\sigma\nu}$ が物質過程に対して果たすのと同じ役割を重力場に対して果たすが, 同じように, 要請2とマッチして, $t_{\sigma\nu}$ は量 $\mathfrak{T}_{\sigma\nu}$ と同様に場を生み出す作用をもつことが方程式(7b)より分かる.

*13　この結果は, 要請4に従って, 任意の過程の進行速度に対して成り立つ.

*14　自由運動する質点がそれから見てまっすぐに等速運動するような基準系(慣性系)を導入することにより, そのような考察からの帰結を回避することがよくある. その場合, 慣性系がなぜ他の系に対して特別扱いされてよいのかという疑問が解消されずに残る点が不満である.

訳　注

†1　特殊相対性理論の4次元テンソルによる共変的定式化を指す.

†2　タイポを修正: 2行目の方程式において, $\partial x \to \partial \dot{x}$, $\partial y \to \partial \dot{y}$, $\delta H / \delta z \to \partial H / \partial \dot{z}$.

†3　タイポを修正: $dt = 0 \to d\tau = 0$.

†4　非参照の重複式番号(2)を削除.

†5　タイポを修正: $V^0 \to V_0$.

†6　正確には, 単位体積・単位時間あたりに流れ込むエネルギー.

†7　タイポを修正: $dt \to d\tau$.

†8 lg は自然対数. $\lg = \ln = \log_e$.

†9 タイポを修正：和の記号 $\sum$ を削除.

†10 タイポを修正：第 1 式，第 2 式において，和の添え字 $\nu s \to \nu$, $dx_s \to ds$. 第 3 式，和の添え字 $\nu s \to \mu \nu$, $dx_1 \to \partial x_1$, $dx_s \to ds$.

†11 $g_{\mu\tau}$ の逆行列を意味する．タイポを修正：(5c) 式の 1 行目で μ に関する和の記号 $\sum$ を追加.

†12 タイポを修正：$T \to \mathfrak{T}$.

†13 タイポを修正：$f_x, f_y, f_z, \eta \to -f_x, -f_y, -f_z, -\eta$.

†14 タイポを修正：$\delta \to \sigma$.

†15 タイポを修正：$\delta \to \sigma$.

†16 タイポを修正：第 2 式の右辺の第 1 項において，$y_{\tau\rho} \to g_{\tau\rho}$，第 2 項において $\gamma_{\beta\nu} \to \gamma_{\alpha\beta}$.

†17 タイポを修正：両式の右辺において μ に関する和の記号 $\sum$ を追加.

†18 タイポを修正：行列の左上隅の $\dot{x}\dot{x}$, $\dot{x}\dot{y}$, $\dot{y}\dot{x}$ に比例する 3 項について，$\rho_0 \to \rho_0 c^2$.

†19 E. Mach: *Die Mechanik in ihrer Entwicklung. Historisch-Kritisch Dargestellt.* 6th rev. ed., Leipzig: Brockhaus (1908).

†20 W. Hofmann: *Kritische Beleuchtung der beiden Grundbegriffe der Mechanik: Bewegung und Trägheit und daraus gezogene Folgerungen betreffs der Achsendrehung der Erde und des Foucault'schen Pendelversuches.* Kuppitsch, Wien (1904).

†21 タイポを修正：$y \to \dot{y}$.

†22 タイポを修正：第 2 式の右辺に − 符号を挿入.

†23 1914 年 8 月 21 日の皆既日食を指す.

†24 原論文には，ここにアインシュタインのこの回答に対する再質問が脚注の形で掲載されていたが，本書では省略.

掲載論文6

一般相対性理論について

訳者解説

　本論文は，Entwurf理論における非共変的重力場方程式
に対する他の研究者からの批判や，理論の論理的整合性の欠
如に対するアインシュタイン自身の不満から，かなり一般的
な座標変換に対して共変性をもつ，新たな重力場の方程式を
提案した論文である．残念ながら，提案された重力場の方程
式は完全な一般共変性はもたないが，座標変換のヤコビ行列
式が1となる変換（ユニモジュラー変換）に限ると共変的と
なっている．Entwurf理論からは大きく飛躍しており，最
終的なゴールの一歩手前まで来ている．詳しい内容は以下の
通りである．

　まず，§1において，ユニモジュラー変換に対しては，
$\sqrt{-g}$ がスカラーとなることに注目し，微分幾何学のテン
ソル演算に関する諸定義・諸公式を簡単化している．次に，
§2で，クリストッフェル記号 $\Gamma^{\mu}_{\nu\lambda}$（ただし，現代での定義
と符号が異なる）を重力場の強度を記述する基本変数と見な
すとする方針を述べた後，物質に対する局所エネルギー保存
則と測地線の方程式をクリストッフェル記号を用いて書き直
している．

　以上の準備のもと，§3において，ユニモジュラー変換に
対してはリッチテンソル $G_{\mu\nu}$ が2つの共変成分の直和 $R_{\mu\nu}$
$+S_{\mu\nu}$ で表されることに着目し，$R_{\mu\nu}=-\kappa T_{\mu\nu}$ という新た
な重力場の方程式を提案している（現代の記法では，$G_{\mu\nu}$ が

$-R_{\mu\nu}$ と表記されることに注意). さらに，この場の方程式を変分原理(ハミルトン原理)から導き，それを用いて全運動量エネルギー保存則が成り立つことを示している. それと同時に，計量に対する余分な拘束条件(座標条件)が生じること，また $\sum_{\mu} T^{\mu}_{\mu} = 0$ でない限り，$\sqrt{-g} = 1$ という座標条件を課すことができないことを示している.

　この論文を書いた時点で，アインシュタインは，共変性をもつ理論では，理論から物理的情報を取り出すには，共変性を破る座標条件を課すことが必要であるという認識に至っていたようである. 実際，最後の §4 では，線形化された重力場の方程式に，調和ゲージ型条件 $\sum_{\alpha} \partial g^{\alpha\beta} / \partial x^{\alpha} = 0$ を課すことにより，波動方程式を導いている.

一般相対性理論について

A. アインシュタイン

A. Einstein "Zur allgemeinen Relativitätstheorie"
Königlich Preußische Akademie der Wissenschaften
(Berlin). *Sitzungsberichte*, pp. 778-786 (1915)

　近年，私は，一様でない運動に対しても相対性が成り立つ
という仮定の上に一般的な相対性理論を構築しようと努めて
きた．実際，私は，適切に定式化された一般相対性の要請を
満たす，唯一の重力法則を発見したと信じており，昨年この
報告集に掲載された論文[*1] で，この解答の必然性を示そう
とした．

　その後の新たな批判により，私はそのような必然性をそこ
で用いた方法で証明することは全く不可能だということを悟
った．必然性があると思ったのは，間違った認識に基づいて
いた．ハミルトン原理を基礎に置く限り，相対性の要請は，
私がそこで要求した範囲では常に満たされる．それは，しか
し，重力場に対するハミルトン関数 H を発見する手がかり
を，事実上全く与えない．実際，H の選択を制限する方程
式(77) a.a.O.[†1] は，単に，H が線形変換に対して不変であ
ることを表すのみで，加速に関する相対性とは何の関係もな
い．さらに，(78) a.a.O. 式[†2] で与えられる候補は，決して
(77) a.a.O. 式の条件により定められたものではない．

これらの理由で，私は自分の立てた場の方程式への信頼を完全に失い，候補を自然な形で制限する別の道を探した．その結果，3年前〔1912年〕，私の友人のグロスマン〔M. Grossmann〕と共同研究した際に，泣く泣く放棄した，場の方程式の一般共変性の要請に戻ることにした．実際，我々は当時すでに，問題に対する以下で述べる解決策のごくそばまで来ていたのである．

特殊相対性理論が，その方程式が直交線形変換に対して共変的であるという要請に基礎を置くように，ここで説明する理論は，**ヤコビ行列式が1となる変換に対してすべての方程式系が共変的である**という要請に支えられている．

それを真に理解した人は，ほとんど誰もこの理論の魅力から逃れることはできない．それは，ガウス〔C. F. Gauss〕，リーマン〔B. Riemann〕，クリストッフェル〔E. B. Christoffel〕，リッチ〔G. Ricci-Curbastro〕，レヴィ=チヴィタ〔T. Levi-Civita〕により確立された一般微分計算の方法の真の勝利を意味する．

§1 共変量の生成規則

絶対微分計算については，昨年出版された論文〔関連論文リスト[27]〕において詳しく説明したので，この論文でこれから使う共変量の生成規則についての説明は，短く済ますことができる．すなわち，ヤコビ行列式が1となる変換に制

限することにより，共変理論にどのような違いが生じるかに
ついてのみ調べればよい．

　任意の変換に対して成り立つ〔4 次元体積要素に対する〕関
係式

$$d\tau' = \frac{\partial(x_1', \cdots, x_4')}{\partial(x_1, \cdots, x_4)} d\tau$$

は，我々の前提条件

$$\frac{\partial(x_1', \cdots, x_4')}{\partial(x_1, \cdots, x_4)} = 1 \qquad (1)$$

のもとで

$$d\tau' = d\tau \qquad (2)$$

となる．したがって，4 次元体積要素 $d\tau$ は不変量となる．
さらに，$\sqrt{-g}d\tau$ は任意の変換に対して不変となるので(方
程式(17) a.a.O.[†3])，我々が興味のある変換群に対しては，

$$\sqrt{-g'} = \sqrt{-g} \qquad (3)$$

も成り立つ．したがって，$g_{\mu\nu}$ の行列式も不変量となる．
$\sqrt{-g}$ のスカラー性のおかげで，不変量生成についての基礎
公式は，一般の場合の共変量に対して成り立つ公式と比べ
て簡潔になる．その理由は，簡単に言うと，$\sqrt{-g}$ や $\dfrac{1}{\sqrt{-g}}$
がもはや基本公式に現れず，テンソルと V-テンソル[†4] の違
いがなくなることにある．詳しくは次のようになる：

1. テンソル $G_{iklm} = \sqrt{-g}\,\delta_{iklm}$

および $G^{iklm} = \dfrac{1}{\sqrt{-g}}\,\delta_{iklm}$

((19) a.a.O. 式および (21a) a.a.O. 式) は，より単純な構造のテンソル

$$G_{iklm} = G^{iklm} = \delta_{iklm} \tag{4}$$

に置き換わる[†5].

2. テンソルの展開[†6] に関する基礎公式 (29) a.a.O. と (30) a.a.O. は，我々の条件下で簡単化されることはないが，式 (30) a.a.O. と (31) a.a.O. を合わせたものである発散の定義については，簡単化が可能である．この定義は，

$$A^{\alpha_1 \cdots \alpha_l} = \sum_s \frac{\partial A^{\alpha_1 \cdots \alpha_l s}}{\partial x_s} + \sum_{s\tau}\left[\begin{Bmatrix} s\tau \\ \alpha_1 \end{Bmatrix} A^{\tau \alpha_2 \cdots \alpha_l s} + \cdots \right.$$
$$\left. + \begin{Bmatrix} s\tau \\ \alpha_l \end{Bmatrix} A^{\alpha_1 \cdots \alpha_{l-1} \tau s}\right] + \sum_{s\tau}\begin{Bmatrix} s\tau \\ s \end{Bmatrix} A^{\alpha_1 \cdots \alpha_l \tau} \tag{5}$$

と表される[†7]．ただし，ここで，式 (24) a.a.O. および (24a) a.a.O. より，

$$\sum_\tau \begin{Bmatrix} s\tau \\ s \end{Bmatrix} = \frac{1}{2}\sum_{\alpha s} g^{s\alpha}\left(\frac{\partial g_{s\alpha}}{\partial x_\tau} + \frac{\partial g_{\tau\alpha}}{\partial x_s} - \frac{\partial g_{s\tau}}{\partial x_\alpha}\right)$$
$$= \frac{1}{2}\sum g^{s\alpha}\frac{\partial g_{s\alpha}}{\partial x_\tau} = \frac{\partial(\lg\sqrt{-g})}{\partial x_\tau}. \tag{6}$$

したがって，(3) 式のおかげで，この量はベクトルとして振

る舞う．対応して，(5)式の右辺の最後の項は，それ自身で l 階テンソルとなる．このことより，発散の定義として，(5)式の代わりに，より簡単な表式

$$A^{\alpha_1 \cdots \alpha_l} = \sum_s \frac{\partial A^{\alpha_1 \cdots \alpha_l s}}{\partial x_s} + \sum_{s\tau} \left[\begin{Bmatrix} s\tau \\ \alpha_1 \end{Bmatrix} A^{\tau \alpha_2 \cdots \alpha_l s} + \cdots \right.$$
$$\left. + \begin{Bmatrix} s\tau \\ \alpha_l \end{Bmatrix} A^{\alpha_1 \cdots \alpha_{l-1} \tau s} \right] \tag{5a}$$

を用いることができる．そこで，我々は，一貫してこの定義を採用することにする．

例えば，定義 (37) a.a.O.

$$\Phi = \frac{1}{\sqrt{-g}} \sum_\mu \frac{\partial}{\partial x_\mu} \left(\sqrt{-g} A^\mu \right)$$

はより簡単な定義

$$\Phi = \sum_\mu \frac{\partial A^\mu}{\partial x_\mu} \tag{7}$$

に置き換わり，反変 6 元ベクトル[†8] の発散を表す方程式 (40) a.a.O. は，より簡単な表式

$$A^\mu = \sum_\nu \frac{\partial A^{\mu\nu}}{\partial x_\nu} \tag{8}$$

に置き換わる．我々の取り決めのもとでは，式 (41a) a.a.O. は

$$A_\sigma = \sum_\nu \frac{\partial A_\sigma^\nu}{\partial x_\nu} - \frac{1}{2} \sum_{\mu\nu\tau} g^{\tau\mu} \frac{\partial g_{\mu\nu}}{\partial x_\sigma} A_\tau^\nu \tag{9}$$

に置き換わる[†9]. 式(41b) a.a.O. と比較すると, 我々の取り
決めでの発散に対する公式は, 一般の微分計算における V-
テンソルに対する発散の公式と同じであることが分かる. こ
のことが一般のテンソルの発散に対しても成り立つことが,
(5)式と(5a)式より容易に導かれる.

3. ヤコビ行列式の値が1となる変換へ限定することに
より, $g_{\mu\nu}$ とその導関数のみから作ることができる共変量の
表式も大幅に簡単化される. 数学によると, このような共変
量はすべて, 4階のリーマン-クリストッフェルテンソルか
ら導かれる. それは(共変形で)

$$(ik, lm) = \frac{1}{2} \left(\frac{\partial^2 g_{im}}{\partial x_k \partial x_l} + \frac{\partial^2 g_{kl}}{\partial x_i \partial x_m} - \frac{\partial^2 g_{il}}{\partial x_k \partial x_m} - \frac{\partial^2 g_{mk}}{\partial x_l \partial x_i} \right)$$
$$+ \sum_{\rho\sigma} g^{\rho\sigma} \left(\begin{bmatrix} im \\ \rho \end{bmatrix} \begin{bmatrix} kl \\ \sigma \end{bmatrix} - \begin{bmatrix} il \\ \rho \end{bmatrix} \begin{bmatrix} km \\ \sigma \end{bmatrix} \right) \qquad (10)$$

と表される[†10]. 重力の問題にとっては, 当然, 特に2階の
テンソルに興味があるが, そのようなテンソルはこの4階
テンソルと $g_{\mu\nu}$ の内積により作ることができる. (10)式か
ら明らかなリーマンテンソルの対称性

$$\left. \begin{array}{c} (ik, lm) = (lm, ik) \\ (ik, lm) = -(ki, lm) \end{array} \right\} \qquad (11)$$

より, そのような構成法は一通りしかなく, 結果は

$$G_{im} = \sum_{kl} g^{kl}(ik, lm) \tag{12}$$

で与えられる[†11]. 我々の目的にとってより都合がよいので, このテンソルを, クリストッフェルが導入したテンソル(10)式に対する第2の形, すなわち

$$\{ik, lm\} = \sum_{\rho} g^{k\rho}(i\rho, lm) = \frac{\partial \begin{Bmatrix} il \\ k \end{Bmatrix}}{\partial x_m} - \frac{\partial \begin{Bmatrix} im \\ k \end{Bmatrix}}{\partial x_l}$$
$$+ \sum_{\rho} \left[\begin{Bmatrix} il \\ \rho \end{Bmatrix} \begin{Bmatrix} \rho m \\ k \end{Bmatrix} - \begin{Bmatrix} im \\ \rho \end{Bmatrix} \begin{Bmatrix} \rho l \\ k \end{Bmatrix} \right]$$

から[*2]導くことにする[†12]. これとテンソル

$$\delta_k^l = \sum_{\alpha} g_{k\alpha} g^{\alpha l}$$

との積(内積)をとると, テンソル G_{im} が得られる[†13]:

$$G_{im} = \sum_l \{il, lm\} = R_{im} + S_{im} \tag{13}$$

$$R_{im} = -\sum_l \frac{\partial \begin{Bmatrix} im \\ l \end{Bmatrix}}{\partial x_l} + \sum_{\rho l} \begin{Bmatrix} il \\ \rho \end{Bmatrix} \begin{Bmatrix} \rho m \\ l \end{Bmatrix} \tag{13a}$$

$$S_{im} = \sum_l \frac{\partial \begin{Bmatrix} il \\ l \end{Bmatrix}}{\partial x_m} - \sum_{\rho l} \begin{Bmatrix} im \\ \rho \end{Bmatrix} \begin{Bmatrix} \rho l \\ l \end{Bmatrix}. \tag{13b}$$

変換をヤコビ行列式が1となるものに限定したので, (G_{im}) だけでなく, (R_{im}) と (S_{im}) もテンソル性をもつ. 実際,

$\sqrt{-g}$ がスカラーとなる状況では, (6)式より $\begin{Bmatrix} il \\ l \end{Bmatrix}$ は共変 4 元ベクトルとなる. ところが, (29) a.a.O. 式より, (S_{im}) はこの 4 元ベクトルの展開に他ならず, したがってテンソルとなる. (G_{im}) と (S_{im}) のテンソル性と(13)式より, (R_{im}) のテンソル性が従う. この最後のテンソルは重力理論にとって大変な重要性をもつ.

§2 "物質" 過程に対する微分法則についてのコメント

1. 物質に対する運動量–エネルギー則(真空中での電磁過程を含めて)

方程式(42a) a.a.O. は, すぐ上のパラグラフでの一般的考察に基づくと, 方程式

$$\sum_{\nu} \frac{\partial T_{\sigma}^{\nu}}{\partial x_{\nu}} = \frac{1}{2} \sum_{\mu\tau\nu} g^{\tau\mu} \frac{\partial g_{\mu\nu}}{\partial x_{\sigma}} T_{\tau}^{\nu} + K_{\sigma} \qquad (14)$$

で置き換えないといけない. ここで, T_{σ}^{ν} は通常のテンソル, K_{σ} は通常の共変 4 元ベクトルである(V–テンソルや V–ベクトルではない). この方程式について, 以下で重要となるコメントをしなければならない. 以前私は, この保存方程式に導かれて, 量

$$\frac{1}{2} \sum_{\mu} g^{\tau\mu} \frac{\partial g_{\mu\nu}}{\partial x_{\sigma}}$$

を重力場の成分を表す自然な表式と見なした．しかし，これ
は致命的な偏見で，絶対微分計算の公式を考慮すると，その
ような量ではなくクリストッフェル記号

$$\begin{Bmatrix} \nu\sigma \\ \tau \end{Bmatrix}$$

を導入する方が妥当であった．クリストッフェル記号を特別
扱いすることは，特に，それが2個の共変的添え字（ここで
は ν と σ）について対称で，物理の観点から重力場中での質
点の運動方程式にあたる，基本的で重要な測地線の方程式
(23b) a.a.O. に現れることから正当化される．同様に，方
程式(14)も，その右辺の第1項が

$$\sum_{\nu\tau} \begin{Bmatrix} \sigma\nu \\ \tau \end{Bmatrix} T_\tau^\nu$$

と書き換えられるので問題ない．

　以降，我々は，量

$$\Gamma_{\mu\nu}^\sigma = -\begin{Bmatrix} \mu\nu \\ \sigma \end{Bmatrix} = -\sum_\alpha g^{\sigma\alpha} \begin{bmatrix} \mu\nu \\ \alpha \end{bmatrix}$$

$$= -\frac{1}{2} \sum_\alpha g^{\sigma\alpha} \left(\frac{\partial g_{\mu\alpha}}{\partial x_\nu} + \frac{\partial g_{\nu\alpha}}{\partial x_\mu} - \frac{\partial g_{\mu\nu}}{\partial x_\alpha} \right) \quad (15)$$

を重力場の成分と呼ぶ．全物質事象のエネルギーテンソルを
T_σ^ν で表すと，K_ν はゼロとなり，保存則(14)は

$$\sum_\alpha \frac{\partial T_\sigma^\alpha}{\partial x_\alpha} = -\sum_{\alpha\beta} \Gamma_{\sigma\beta}^\alpha T_\alpha^\beta \quad (14a)$$

と表される．

重力場中での質点の運動方程式 (23b) a.a.O. は，

$$\frac{d^2 x_\tau}{ds^2} = \sum_{\mu\nu} \Gamma_{\mu\nu}^\tau \frac{dx_\mu}{ds} \frac{dx_\nu}{ds}$$

という形になる.

2. これまで引用してきた論文の第 10 および第 11 パラグラフでの考察については何も変更はなく，そこで V-スカラーおよび V-テンソルと呼ばれている対象を単に通常のスカラーおよびテンソルと読み替えればよい.

§3 重力場の方程式

これまでに述べたことに従うと，重力に対する場の方程式は

$$R_{\mu\nu} = -\kappa T_{\mu\nu} \tag{16}$$

という形に置くのが妥当である. なぜなら，我々はすでに，この方程式がヤコビ行列式が 1 となる任意の変換に対して共変的であることを知っているので. 実際，この方程式は，我々がそれに要求すべきすべての条件を満たしている. (13a)式と(15)式より，この方程式は詳しくは

$$\sum_\alpha \frac{\partial \Gamma_{\mu\nu}^\alpha}{\partial x_\alpha} + \sum_{\alpha\beta} \Gamma_{\mu\beta}^\alpha \Gamma_{\nu\alpha}^\beta = -\kappa T_{\mu\nu} \tag{16a}$$

と書かれる．さて，これらの方程式がハミルトン形式[†14]

$$\delta\left\{\int\left(\mathfrak{L}-\kappa\sum_{\mu\nu}g^{\mu\nu}T_{\mu\nu}\right)d\tau\right\}=0 \\ \mathfrak{L}=\sum_{\sigma\tau\alpha\beta}g^{\sigma\tau}\Gamma^{\alpha}_{\sigma\beta}\Gamma^{\beta}_{\tau\alpha}\right\}\quad(17)$$

に帰着されることを示そう．ここで，変分は $g^{\mu\nu}$ について
とり，その際 $T_{\mu\nu}$ は定数として扱うものとする．まず，(17)
式は，方程式

$$\sum_{\alpha}\frac{\partial}{\partial x_{\alpha}}\left(\frac{\partial\mathfrak{L}}{\partial g^{\mu\nu}_{\alpha}}\right)-\frac{\partial\mathfrak{L}}{\partial g^{\mu\nu}}=-\kappa T_{\mu\nu}\quad(18)$$

と同等となる．ここで，$\mathfrak{L}$ は，$g^{\mu\nu}$ と $\dfrac{\partial g^{\mu\nu}}{\partial x_{\sigma}}$ $(=g^{\mu\nu}_{\sigma})$ の関
数と見なすものとする．一方，難しくはないがより長い計算
を遂行することにより，関係式

$$\frac{\partial\mathfrak{L}}{\partial g^{\mu\nu}}=-\sum_{\alpha\beta}\Gamma^{\alpha}_{\mu\beta}\Gamma^{\beta}_{\nu\alpha}\quad(19)$$

$$\frac{\partial\mathfrak{L}}{\partial g^{\mu\nu}_{\alpha}}=\Gamma^{\alpha}_{\mu\nu}\quad(19a)$$

が得られる．これを(18)式と合わせると，場の方程式(16a)
が得られる．

　さて，エネルギーと運動量の保存原理が満たされることも
容易に示される．(18)式に $g^{\mu\nu}_{\sigma}$ を掛け，添え字 μ と ν につ
いて和をとり，なじみのある変形を施すと，

$$\sum_{\alpha\mu\nu} \frac{\partial}{\partial x_\alpha} \left(g_\sigma^{\mu\nu} \frac{\partial \mathfrak{L}}{\partial g_\alpha^{\mu\nu}} \right) - \frac{\partial \mathfrak{L}}{\partial x_\sigma} = -\kappa \sum_{\mu\nu} T_{\mu\nu} g_\sigma^{\mu\nu}$$

が得られる. 一方, (14) 式より, 物質のエネルギーテンソルの総和に対して,

$$\sum_\lambda \frac{\partial T_\sigma^\lambda}{\partial x_\lambda} = -\frac{1}{2} \sum_{\mu\nu} \frac{\partial g^{\mu\nu}}{\partial x_\sigma} T_{\mu\nu}$$

となる. これら 2 式より

$$\sum_\lambda \frac{\partial}{\partial x_\lambda} \left(T_\sigma^\lambda + t_\sigma^\lambda \right) = 0 \tag{20}$$

が導かれる. ここで,

$$t_\sigma^\lambda = \frac{1}{2\kappa} \left(\mathfrak{L} \delta_\sigma^\lambda - \sum_{\mu\nu} g_\sigma^{\mu\nu} \frac{\partial \mathfrak{L}}{\partial g_\lambda^{\mu\nu}} \right) \tag{20a}$$

は, 重力場の「エネルギーテンソル」を表す. なお, この量は線形変換に対してのみテンソルとして振る舞う. (20a) 式と (19a) 式より, 簡単な変形により

$$t_\sigma^\lambda = \frac{1}{2} \delta_\sigma^\lambda \sum_{\mu\nu\alpha\beta} g^{\mu\nu} \Gamma_{\mu\beta}^\alpha \Gamma_{\nu\alpha}^\beta - \sum_{\mu\nu\alpha} g^{\mu\nu} \Gamma_{\mu\sigma}^\alpha \Gamma_{\nu\alpha}^\lambda \tag{20b}$$

が得られる. 最後に, 場の方程式から, 2 つの興味深いスカラー型の方程式を導く. まず, (16a) 式に $g^{\mu\nu}$ を掛け, μ と ν について和をとると, 簡単な変形の後に

$$\sum_{\alpha\beta} \frac{\partial^2 g^{\alpha\beta}}{\partial x_\alpha \partial x_\beta} - \sum_{\sigma\tau\alpha\beta} g^{\sigma\tau} \Gamma^\alpha_{\sigma\beta} \Gamma^\beta_{\tau\alpha}$$

$$+ \sum_{\alpha\beta} \frac{\partial}{\partial x_\alpha} \left(g^{\alpha\beta} \frac{\partial \lg \sqrt{-g}}{\partial x_\beta} \right) = -\kappa \sum_\sigma T^\sigma_\sigma \qquad (21)$$

が得られる．一方，(16a)式に $g^{\nu\lambda}$ を掛け，ν について和をとると，

$$\sum_{\alpha\nu} \frac{\partial}{\partial x_\alpha} \left(g^{\nu\lambda} \Gamma^\alpha_{\mu\nu} \right) - \sum_{\alpha\beta\nu} g^{\nu\beta} \Gamma^\alpha_{\nu\mu} \Gamma^\lambda_{\beta\alpha} = -\kappa T^\lambda_\mu,$$

あるいは(20b)式を考慮して，

$$\sum_{\alpha\nu} \frac{\partial}{\partial x_\alpha} \left(g^{\nu\lambda} \Gamma^\alpha_{\mu\nu} \right) - \frac{1}{2} \delta^\lambda_\mu \sum_{\mu\nu\alpha\beta} g^{\mu\nu} \Gamma^\alpha_{\mu\beta} \Gamma^\beta_{\nu\alpha}$$

$$= -\kappa \left(T^\lambda_\mu + t^\lambda_\mu \right)$$

を得る．さらに，これより，(20)式を考慮して簡単な変形を行うと，方程式

$$\frac{\partial}{\partial x_\mu} \left[\sum_{\alpha\beta} \frac{\partial^2 g^{\alpha\beta}}{\partial x_\alpha \partial x_\beta} - \sum_{\sigma\tau\alpha\beta} g^{\sigma\tau} \Gamma^\alpha_{\sigma\beta} \Gamma^\beta_{\tau\alpha} \right] = 0 \qquad (22)$$

が導かれる．しかし，我々は少し強い条件

$$\sum_{\alpha\beta} \frac{\partial^2 g^{\alpha\beta}}{\partial x_\alpha \partial x_\beta} - \sum_{\sigma\tau\alpha\beta} g^{\sigma\tau} \Gamma^\alpha_{\sigma\beta} \Gamma^\beta_{\tau\alpha} = 0 \qquad (22\text{a})$$

を課すことにすると，(21)式は

$$\sum_{\alpha\beta} \frac{\partial}{\partial x_\alpha} \left(g^{\alpha\beta} \frac{\partial \lg \sqrt{-g}}{\partial x_\beta} \right) = -\kappa \sum_\sigma T_\sigma^\sigma \qquad (21\text{a})$$

と書き換えられる．エネルギーテンソルから作られるスカラーはゼロにできないので，(21a)式より，$\sqrt{-g}$ が 1 に等しくなる座標系を選ぶのは不可能であることが分かる．

方程式(22a)は $g_{\mu\nu}$ のみを含む関係式であり，それが満たされる座標系から新たな座標系に禁止されている変換によって移ると，もはや成り立たなくなる．したがって，この方程式は，多様体において適合する座標系をどのように選ぶべきかについて述べたものである．

§4 理論の物理的特性についてのいくつかの コメント

方程式(22a)は第 1 近似で

$$\sum_{\alpha\beta} \frac{\partial^2 g^{\alpha\beta}}{\partial x_\alpha \partial x_\beta} = 0$$

を与える．座標系を定めるためには 4 個の方程式が必要なので，この条件では座標系は完全には決まらない．したがって，第 1 近似で，任意に

$$\sum_\beta \frac{\partial g^{\alpha\beta}}{\partial x_\beta} = 0 \qquad (23)$$

と定めてよい．さらに，表式を簡単にするために，第 4 番

目の座標として虚時間を導入しよう．すると，場の方程式
(16a)は，第1近似で，

$$\frac{1}{2} \sum_{\alpha} \frac{\partial^2 g_{\mu\nu}}{\partial x_{\alpha}^2} = \kappa T_{\mu\nu} \qquad (16b)$$

という形をとる．これより，直ちに，場の方程式が近似的に
ニュートンの法則を含むことが明らかとなる．

　許される変換は，元の座標系に対する，任意に変動する角
加速度での回転や，新たな座標系の原点が元の座標系におい
て任意の指定された運動を行うような変換を含んでいるの
で，新しい理論では実際に運動の相対性が保たれている．

　実際，τ, τ_1, τ_2, および τ_3 を t の任意の関数とするとき，
変換

$$x' = x \cos\tau + y \sin\tau$$
$$y' = -x \sin\tau + y \cos\tau$$
$$z' = z$$
$$t' = t$$

　　　および

$$x' = x - \tau_1$$
$$y' = y - \tau_2$$
$$z' = z - \tau_3$$
$$t' = t$$

のヤコビ行列式は 1 となる.

原 注

*1 「一般相対性理論の形式的基礎」, *Sitzungsberichte* XLI, pp. 1066-1077 (1914)〔関連論文リスト[27]〕. 以下では, この論文の方程式を引用する場合には, "a.a.O."〔a.a.O. は am angegebenen Ort の略で「前掲論文」の意〕という補足を付けて, 現在の論文からの引用と区別する.

*2 この表式がテンソルとして振る舞うことの簡単な証明が, これまで何度も引用した私の論文〔関連論文リスト[27]〕の 1053 ページにある.

訳 注

†1 この式の具体的な表式は,

$$S_\sigma^\nu = 0.$$

ここで, $g_\mu^{\nu\tau} = \partial g^{\nu\tau}/\partial x^\mu$ として, S_σ^ν は, 和の規約を用いて和の記号を省略すると, 次式で与えられる:

$$S_\sigma^\nu \equiv g^{\nu\tau} \frac{\partial(H\sqrt{-g})}{\partial g^{\sigma\tau}} + g_\mu^{\nu\tau} \frac{\partial(H\sqrt{-g})}{\partial g_\mu^{\sigma\tau}}$$
$$+ \frac{1}{2} \delta_\sigma^\nu H\sqrt{-g} - \frac{1}{2} g_\sigma^{\mu\tau} \frac{\partial(H\sqrt{-g})}{\partial g_\nu^{\mu\tau}}.$$

†2 この式の具体的な表式は, 和の規約を用いて, 和の記号を省略すると,

$$H = \frac{1}{4} g^{\alpha\beta} \frac{\partial g_{\nu\rho}}{\partial x^\alpha} \frac{\partial g^{\nu\rho}}{\partial x^\beta}.$$

†3 この式の具体的な表式は, 本論文の記法に直すと,

$$\sqrt{-g}\,d\tau = d\tau_0^*.$$

　ここで，$d\tau_0^*$ は局所ミンコフスキー座標系での 4 次元体積
要素，$d\tau$ は一般座標系での 4 次元体積要素である.

†4　V-テンソル（Volumtensor）とは，通常のテンソルに $\sqrt{-g}$
を掛けた量と同じ変換性をもつ量を意味し，現代では重み
1 のテンソル密度と呼ばれる.

†5　δ_{ijkl} は $\delta_{1234} = \pm 1$ となる完全反対称テンソルで，現代
ではレヴィ=チヴィタテンソルと呼ばれ，通常 ϵ_{ijkl} と表記
される. $\pm$ のいずれを採用するかは人によるので注意が必
要である.

†6　テンソル T の展開（Erweiterung）とは，T の共変微分に
より得られる，階数が T より 1 高いテンソル ∇T を意味
する.

†7　$\begin{Bmatrix} \alpha\beta \\ \gamma \end{Bmatrix}$ は，現代の記法では $\begin{Bmatrix} \gamma \\ \alpha\beta \end{Bmatrix}$ に該当する.

†8　6 元ベクトルとは，4 次元 2 階反対称テンソルのこと. 名
前は，このテンソルが一般に 6 個の独立な成分をもつこと
に由来する.

†9　この式の A_σ^ν は，反変対称反テンソル $A^{\mu\nu} = -A^{\nu\mu}$ を計
量テンソルを用いて混合テンソルに変えたもの.

†10　$\begin{bmatrix} ij \\ k \end{bmatrix} = \sum_l g_{kl} \begin{Bmatrix} ij \\ l \end{Bmatrix}$ である. また，(ik, lm) は，現代の
記法で R_{kiml} に対応.

†11　G_{ij} は現代の記法ではリッチテンソル $-R_{ij}$ に対応.

†12　$\{ik, lm\}$ は，現代の記法では $R^k{}_{iml}$ に対応.

†13　タイポを修正：欠落していた l および ρ に関する和の記
号を追加.

†14　タイポを修正：第 1 式において右辺 $= 0$ を追加.

掲載論文7

「一般相対性理論について」への補遺

訳者解説

　論文「一般相対性理論について」[掲載論文 6]を投稿した 1 週間後に投稿された，この論文に対する「補遺」である．この補遺では，完全に一般共変的な重力場の方程式 $G_{\mu\nu} = -\kappa T_{\mu\nu}$ を初めて提案し，この方程式が $\sqrt{-g} = 1$ という座標条件の下では，前回の[掲載論文 6]で提案した方程式と一致することを示している．ただし，前回の論文での議論より，この座標条件が可能なのは $T_\mu^\mu = 0$ の場合のみなので，この条件を物質に対する基本的要請として課すという「大胆な」提案をしている．ただし，通常の物質は電磁場以外はこの条件を満たさないので，そのことをどのように理解するかについて少し苦し紛れの議論をしている．なお，現代の見方からすると，この条件が生じた原因はビアンキ恒等式にある．

「一般相対性理論について」への補遺

A. アインシュタイン

A. Einstein "Zur allgemeinen Relativitätstheorie
　　(Nachtrag)"
Königlich Preußische Akademie der Wissenschaften
　　(Berlin). *Sitzungsberichte*, pp. 799-801 (1915)

　新たに発表された論文[*1] において，私は，いかにすれば
重力理論を高次元多様体におけるリーマンの共変理論を用い
て基礎づけることができるかを示した．さて，本論文では，
物質の構造に関する大胆ともいえる付加的な仮説を導入する
ことにより，理論がより簡潔で論理的に整合的な構造をもつ
ようにできることを示そう．

　この仮説について，その正当化をこれから議論するが，そ
れは次のようなトピックと関係している．「物質」のエネル
ギーテンソル T_μ^λ は，スカラー $\sum_\mu T_\mu^\mu$ を含んでいる．よく
知られているように，この量は電磁場に対してゼロとなる．
これに対し，**現実の物質**では，この量はゼロと異なると思わ
れる．なぜなら，最も簡単な場合として（圧力の無視できる）
「内部相互作用のない」連続流体を考えると，通常の表式

$$T^{\mu\nu} = \sqrt{-g}\rho_0 \frac{dx_\mu}{ds}\frac{dx_\nu}{ds}$$

より，

$$\sum_\mu T_\mu^\mu = \sum_{\mu\nu} g_{\mu\nu} T^{\mu\nu} = \rho_0 \sqrt{-g}$$

を得るので. したがって, この場合, エネルギーテンソルから作られるスカラーはゼロとならない.

我々の知識によれば, 「物質」を基本要素的存在, あるいは物理的に単純なものと捉えることはできないことをここで思い起こそう. 実際それどころか, 物質を純粋の電磁過程に還元したいと望む人さえ少なからずいる. もっとも, これはマクスウェルの電気力学をより完全にした理論によって実現されることであるが. ここで, ひとまず, そのようなより完全な電気力学において, エネルギーテンソルのスカラー部分が同じようにゼロとなるとしてみよう. すると, いま示した結果を用いて, この理論により物質を作り出すことができないのを示せるだろうか? 私は, この問いに対して否定的な解答を与えることができると信じる. それは, いま述べた想定の「物質」では, 重力場が本質的な構成要素となる可能性が非常に高いためである. この場合, 構造物全体としては $\sum_\mu T_\mu^\mu$ は見かけ上正となりうる. ただし, 実際には, $\sum_\mu (T_\mu^\mu + t_\mu^\mu)$ のみが正で, $\sum_\mu T_\mu^\mu$ は至るところゼロとなる. **我々は以下では, 条件 $\sum_\mu T_\mu^\mu = 0$ が実際に普遍的に満たされていることを前提として仮定する.**

分子レベルでの重力場が物質の**本質的な**構成要素となっているという仮説を頭から否定しない人は, 以下でこの仮説に

対する強いサポートを見出すことになるだろう[*2].

場の方程式の導出

　我々の仮説により，一般的な相対性の思想から望ましいと思われる最後の一歩を踏み出すことが可能となる．すなわち，それは実に，重力に対する場の方程式を**一般**共変的な形で表すことを可能にする．前回の報告で（方程式(13)），私は，

$$G_{im} = \sum_l \{il, lm\} = R_{im} + S_{im} \tag{13}$$

が任意の変換に対して共変テンソルとして振る舞うことを示した．ここで，

$$R_{im} = -\sum_l \frac{\partial \begin{Bmatrix} im \\ l \end{Bmatrix}}{\partial x_l} + \sum_{\rho l} \begin{Bmatrix} il \\ \rho \end{Bmatrix} \begin{Bmatrix} \rho m \\ l \end{Bmatrix} \tag{13a}$$

$$S_{im} = \sum_l \frac{\partial \begin{Bmatrix} il \\ l \end{Bmatrix}}{\partial x_m} - \sum_{\rho l} \begin{Bmatrix} im \\ \rho \end{Bmatrix} \begin{Bmatrix} \rho l \\ l \end{Bmatrix} \tag{13b}$$

このテンソル G_{im} は，一般共変的な重力方程式を立てる際に自由に使うことのできる唯一のテンソルである．

　さて，重力に対する場の方程式が

$$G_{\mu\nu} = -\kappa T_{\mu\nu} \tag{16b}$$

と書かれると決めてしまえば，一般共変的な場の方程式が得

られたことになる．この方程式は，「物質」事象に対する絶
対微分計算に基づいた一般共変的法則と共に，定式化におい
ても，記述される法則性とは論理的に無関係な特別な座標系
を用いずに，自然における因果関係を記述する．

　追加の座標条件を課すことで，この方程式系から私が前回
の論文で立てた法則系に，法則を実質的に何ら変更すること
なく容易に戻ることができる．実際明らかに，至るところ

$$\sqrt{-g} = 1$$

という条件を満たす新たな座標系を導入することが可能であ
る．この座標系では S_{im} がゼロとなるので，前回の論文で
立てた場の方程式系

$$R_{\mu\nu} = -\kappa T_{\mu\nu} \tag{16}$$

に戻る．その際，絶対微分計算が提供する諸式は，最近の
論文で述べた形に厳密に帰着する．さらにまた，このとき，
我々の座標条件は，ヤコビ行列式が1に等しい変換のみを
許容する．

　一般共変性の要請に基づいて本論文で得られた場の方程式
の内容と，前回の論文で我々が与えた場の方程式の内容の違
いは，後者では $\sqrt{-g}$ の値を勝手に指定できないことのみで
ある．この量は，その代わり，方程式[†1]

$$\sum_{\alpha\beta} \frac{\partial}{\partial x_\alpha} \left(g^{\alpha\beta} \frac{\partial \lg \sqrt{-g}}{\partial x_\beta} \right) = -\kappa \sum_\sigma T_\sigma^\sigma \tag{21a}$$

により決定される．この方程式より，エネルギーテンソルのスカラー成分がゼロとなるときに限って，$\sqrt{-g}$ が定数となり得ることがわかる．

　今回の論文における導出では，我々が任意に座標系を選ぶことにより $\sqrt{-g}=1$ とできる．このとき，方程式(21a)の代わりに，我々の場の方程式より，「物質」のエネルギーテンソルのスカラー部分がゼロとなることが導かれる．したがって，**我々が出発点とした一般共変的な場の方程式(16b)は，序文で説明した仮説が成り立つときにのみ矛盾を生まない**．そして，このとき同時に，我々の以前の場の方程式に制限条件

$$\sqrt{-g} = 1 \qquad (21\mathrm{b})$$

を追加することが許される．

　　原　注
　*1　この報告集の p. 778.　〔〔掲載論文 6〕〕
　*2　前回の論文を書いている際，$\sum_{\mu} T_{\mu}^{\mu}=0$ という仮説が原理的に許容されることに私はまだ気づいていなかった．

　　訳　注
　†1　タイポを修正：括弧の中で，$x_{\alpha} \rightarrow x_{\beta}$.

掲載論文8

重力場の方程式

訳者解説

　正しい一般共変的な重力場の方程式を提案し，一般相対性理論の定式化の完成を高らかに宣言した論文である．正しい重力場の方程式を見出すためのこれまでの歩みを振り返った後，論文「一般相対性理論について」[掲載論文6]に対する補遺[掲載論文7]で与えた一般共変的方程式において，その源項の形を修正することにより，物質に対するエネルギー運動量テンソルが局所保存則以外の制限を受けない，一般共変的な重力場の方程式を立てることができることを指摘している．さらに，この修正により真空での重力場の方程式は変更を受けないので，[掲載論文7]の理論に基づいて計算された水星の近日点移動に関する結果（論文[32]）には影響がないことが述べられている．

　この修正は，数学的観点からは，[掲載論文7]で与えられた方程式の左辺（重力側）にリッチスカラー曲率と計量テンソルの積に比例する項を加えることにより，ビアンキ恒等式から得られる制限と物質に対するエネルギー運動量テンソルの局所保存則の整合性を回復したことに相当する．なお，この方程式にはさらに，いわゆる「宇宙項」と呼ばれる計量テンソルの定数倍で表される項を，整合性を保って左辺に加える自由度が残っているが，この時点ではそれには触れられていない．よく知られているように，アインシュタインは1917年に論文「一般相対性理論に関する宇宙論的考察」[39]にお

いて，彼が見出した，空間が3次元球面となる宇宙解の空
間半径の変動を止めるために，この宇宙項を導入することに
なる．

重力場の方程式

A. アインシュタイン

A. Einstein "Die Feldgleichungen der Gravitation"
Königlich Preußische Akademie der Wissenschaften
(Berlin). *Sitzungsberichte*, pp. 844-847 (1915)

　最近出版された2つの論文[*1]で，私は，一般的な相対性原理を満たす，すなわち時空変数の任意の変換に対して共変的に定式化された重力に対する場の方程式系に到達することができた.

　ここに至る経過は以下の通りである. まず，私は，ヤコビ行列式が1に等しい任意の変換に対して共変的で，ニュートン理論を近似理論として含む方程式系を見つけた. それに続いて，私は，「物質」のエネルギーテンソルのスカラー部分がゼロとなる場合には，この方程式系が一般共変的な方程式系と等価となることを見出した. その際，$\sqrt{-g}$ が1に等しくなるという単純なルールを満たすように座標系を制限しなければならないが，この制限により理論の方程式系は大幅に単純化される. しかし，この際，いま述べたように，物質のエネルギーテンソルのスカラー成分がゼロとなるという仮説を導入することを余儀なくされる.

　さて，最近私は，私の以前の2つの論文で行ったのとは少し異なったやり方で，物質のエネルギーテンソルを場の方

程式系に組み込めば，物質のエネルギーテンソルに関する仮説なしに済ますことができることを発見した．私が水星の近日点移動を説明する際に基礎とした，真空での場の方程式はこの変更の影響を受けない．読者が以前の論文を絶えず参照し続けなくてもよいように，全考察を再度ここで提示することにする．

よく知られたリーマンの4階共変量より次の2階の共変量を導くことができる：

$$G_{im} = R_{im} + S_{im} \tag{1}$$

$$R_{im} = -\sum_l \frac{\partial \begin{Bmatrix} im \\ l \end{Bmatrix}}{\partial x_l} + \sum_{l\rho} \begin{Bmatrix} il \\ \rho \end{Bmatrix} \begin{Bmatrix} m\rho \\ l \end{Bmatrix} \tag{1a}$$

$$S_{im} = \sum_l \frac{\partial \begin{Bmatrix} il \\ l \end{Bmatrix}}{\partial x_m} - \sum_{l\rho} \begin{Bmatrix} im \\ \rho \end{Bmatrix} \begin{Bmatrix} \rho l \\ l \end{Bmatrix} \tag{1b}$$

「物質」のない空間では，

$$G_{im} = 0 \tag{2}$$

と置くことにより，一般共変的な10個の重力場の方程式が得られる．

これらの方程式は，$\sqrt{-g} = 1$ となる基準系を選ぶことにより，より簡単な形をとる．このとき，(1b)式より S_{im} がゼロとなるので，(2)式の代わりに

$$R_{im} = \sum_l \frac{\partial \Gamma_{im}^l}{\partial x_l} + \sum_{l\rho} \Gamma_{i\rho}^l \Gamma_{ml}^\rho = 0 \tag{3}$$

$$\sqrt{-g} = 1 \tag{3a}$$

を得る.

ここで,

$$\Gamma_{im}^l = - \left\{ \begin{matrix} im \\ l \end{matrix} \right\} \tag{4}$$

である. この量を我々は重力場の「成分」と呼ぶ.

注目している空間に「物質」が存在する場合には, そのエネルギーテンソルが(2)式ないし(3)式の右辺に現れる. 我々は

$$G_{im} = -\kappa \left(T_{im} - \frac{1}{2} g_{im} T \right) \tag{2a}$$

と置く. ここで,

$$\sum_{\rho\sigma} g^{\rho\sigma} T_{\rho\sigma} = \sum_\sigma T_\sigma^\sigma = T \tag{5}$$

と置いた. T は「物質」のエネルギーテンソルのスカラー成分なので, (2a)式の右辺はテンソルとなる. いつものように座標系を再び制限すると, (2a)式の代わりにそれと等価な方程式系

$$\begin{aligned} R_{im} &= \sum_l \frac{\partial \Gamma_{im}^l}{\partial x_l} + \sum_{\rho l} \Gamma_{i\rho}^l \Gamma_{ml}^\rho \\ &= -\kappa \left(T_{im} - \frac{1}{2} g_{im} T \right) \end{aligned} \tag{6}$$

$$\sqrt{-g} = 1 \qquad (3a)$$

を得る.

いつものように，物質のエネルギーテンソルの発散は，一般的な微分計算の意味でゼロとなること（運動量エネルギー則）を仮定する．すると，座標系を(3a)式を満たすものに限定すると，T_{im} は条件式

$$\sum_{\lambda} \frac{\partial T_{\sigma}^{\lambda}}{\partial x_{\lambda}} = -\frac{1}{2} \sum_{\mu\nu} \frac{\partial g^{\mu\nu}}{\partial x_{\sigma}} T_{\mu\nu} \qquad (7)$$

あるいは，

$$\sum_{\lambda} \frac{\partial T_{\sigma}^{\lambda}}{\partial x_{\lambda}} = -\sum_{\mu\nu} \Gamma_{\sigma\nu}^{\mu} T_{\mu}^{\nu} \qquad (7a)$$

を満たすことになる．

(6)式に $\dfrac{\partial g^{im}}{\partial x_{\sigma}}$ を掛け，i と m について和をとり，(7)式および(3a)式より導かれる関係式

$$\frac{1}{2} \sum_{im} g_{im} \frac{\partial g^{im}}{\partial x_{\sigma}} = -\frac{\partial \lg \sqrt{-g}}{\partial x_{\sigma}} = 0$$

を考慮すると，物質と重力場を合わせた保存則が

$$\sum_{\lambda} \frac{\partial}{\partial x_{\lambda}} \left(T_{\sigma}^{\lambda} + t_{\sigma}^{\lambda} \right) = 0 \qquad (8)$$

という形で得られる[*2]．ここで，t_{σ}^{λ}（重力場に対する「エネルギーテンソル」）は，

$$\kappa t_{\sigma}^{\lambda} = \frac{1}{2} \delta_{\sigma}^{\lambda} \sum_{\mu\nu\alpha\beta} g^{\mu\nu} \Gamma_{\mu\beta}^{\alpha} \Gamma_{\nu\alpha}^{\beta} - \sum_{\mu\nu\alpha} g^{\mu\nu} \Gamma_{\mu\sigma}^{\alpha} \Gamma_{\nu\alpha}^{\lambda} \qquad (8a)$$

で与えられる[†1]．私が(2a)式および(6)式の右辺の第2項を
加えた理由は，何よりもまず，いま引用した箇所(p. 785)での
考察に対する完全なアナロジーである次の考察から明らか
となる．

(6)式に g^{im} を掛け，添え字 i と m について和をとると，
簡単な計算の後，

$$\sum_{\alpha\beta} \frac{\partial^2 g^{\alpha\beta}}{\partial x_\alpha \partial x_\beta} - \kappa(T+t) = 0 \qquad (9)$$

を得る．ここで，(5)と対応して，

$$\sum_{\rho\sigma} g^{\rho\sigma} t_{\rho\sigma} = \sum_\sigma t^\sigma_\sigma = t \qquad (8b)$$

と略記した．我々が加えた項のおかげで，方程式(21) a.a.O.[†2]
の場合と異なり，(9)式では重力場のエネルギーテンソルが
物質のエネルギーテンソルと並んで対等に現れることに注意
すべきである．

さらに，方程式(22) a.a.O. の代わりに，エネルギー方程
式の助けを借りて，そこで述べたやり方に従うと，関係式

$$\frac{\partial}{\partial x_\mu} \left[\sum_{\alpha\beta} \frac{\partial^2 g^{\alpha\beta}}{\partial x_\alpha \partial x_\beta} - \kappa(T+t) \right] = 0 \qquad (10)$$

が導かれる．我々が付加した項のおかげで，これらの方程式
系は(9)式と比べて何ら新しい条件を含んでおらず，物質の
エネルギーテンソルに対して，それが運動量エネルギー則を
満たすということ以外の条件を課さない．

これでついに，一般相対性理論が論理的構造物として完成
したことになる．時空座標を物理的に意味をもたないパラメ
ータへと変える，最も一般的な枠組みでの相対性原理は，有
無を言わせぬ必然性をもって，水星の近日点移動を説明する
一つの完全に確定した重力理論へと導く．これに対して，一
般相対性原理は，残りの自然過程の本質に関し，特殊相対性
理論が教えてくれたこと以上のことを明らかにすることはで
きない．私が最近この報告集でこの点に関して述べた意見は
間違いであった．特殊相対性理論に即したどのような物理理
論も，絶対微分計算の助けを借りて，何の余分な制限もなし
に一般相対性理論の枠組みに組み込むことができる．

原 注

*1 *Sitzungsber.* XLIV, p. 778 および XLVI, p. 799 (1915).
〔[掲載論文 6]および[掲載論文 7]〕

*2 導出については，次の論文を参照：*Sitzungsber.* XLIV,
pp. 784-785 (1915)〔[掲載論文 6]〕．また，以降の議論に
ついては，比較のため，読者には，同じ論文の p. 785 に与
えられている詳しい説明も参照してほしい．

訳 注

†1 タイポを修正：欠落していた右辺第 2 項の $\sum$ の添え字を
追加．

†2 この a.a.O. は[掲載論文 6]の式番号であることを意味す
る．

関連論文リスト

　一般相対性理論関連の論文をリストとしてまとめた．「総説」および「訳者解説」中では，このリストの文献番号が参照されている．＊で印をした論文は，アインシュタイン自身による一般相対性理論に関する論文である．

[1]　Einstein A: *Ann. d. Phys.* 17, pp. 132-148 (1905).
　　発見的見地から見た光の生成と変換
[2]　Einstein A: *Ann. d. Phys.* 19, pp. 289-305 (1906).
　　分子の大きさの新たな決定法［PhD 論文で，K. J. Wyss 社より出版された．論文の日付は 1905/4/30］
[3]　Einstein A: *Ann. d. Phys.* 17, pp. 549-560 (1905).
　　熱の分子運動論が要求する，静止液体中での浮遊微小粒子の運動について
[4]　Einstein A: *Ann. d. Phys.* 17, pp. 891-921 (1905).
　　運動物体の電気力学
[5]　Einstein A: *Ann. d. Phys.* 18, pp. 639-641 (1905).
　　物体の慣性はそれに含まれるエネルギーに依存するか？
[6]　Planck M: *Verh. d. Deut. Phys. Gesell.* 8, pp. 136-141 (1906).
　　相対性原理と力学の基礎方程式
[7]　Planck M: *Sitz. d. Preuss. Akad. Wiss.* pp. 867-904 (1907)［リプリント：*Ann. d. Phys.* 26, pp. 1-34 (1908)］.
　　運動する系の力学について
[8]＊　Einstein A: *Jahrbuch der Radioaktivität und Elek-*

tronik 4, pp. 411-462 (1907).
相対性原理とその帰結[掲載論文 1(第 V 部, pp. 454-462 の
み抜粋)]

[9]　Planck M: *Verh. d. Deut. Phys. Gessell.* 10, pp. 728-
732 (1908).
一般力学における作用反作用の原理についてのコメント

[10]　Einstein A: *Ann. d. Phys.* 34, pp. 165-169 (1911).
エトヴェシュの法則についてのコメント

[11]*　Einstein A: *Ann. d. Phys.* 35, pp. 898-908 (1911).
光の伝搬に対する重力の影響

[12]*　Einstein A: *Ann. d. Phys.* 38, pp. 355-369 (1912).
光の速度と重力場の静力学[掲載論文 2]

[13]*　Einstein A: *Ann. d. Phys.* 38, pp. 443-458 (1912).
静的重力場の理論について

[14]*　Einstein A: *Viertel. f. Gerich. Med.* 44, pp. 37-40
(1912).
電磁誘導作用と類似の作用が重力でも存在するか?

[15]*　Einstein A: *Ann. d. Phys.* 38, pp. 1059-1064 (1912).
相対性と重力:M. アブラハム氏のコメントへの回答

[16]*　Einstein A: *Ann. d. Phy.* 38, p. 704 (1912).
アブラハム氏の前回の議論へのコメント:再度, 相対性と重
力

[17]*　Einstein A, Grossmann M: Teubner, Leipzig, 1913,
pp. 3-38 [*Zeit. f. Math. Phys.* 62, pp. 225-259 (1914)に
再掲].
一般化された相対性理論と重力理論の草案[掲載論文 3(I. 物
理の部, pp. 3-22 のみ抜粋)]

[18]* Einstein A: *Zeit. f. Math. Phys.* 62, pp. 260-261 (1914).
「一般化された相対性理論と重力理論の草案」へのコメント [掲載論文 4]

[19]* Einstein A: *Schweiz. Nat. Gesell.* 96, pp. 137-138 (1913).
重力理論

[20] Nordström G: *Ann. d. Phys.* 42, pp. 533-554 (1913).
相対性原理の観点に立った重力理論について

[21]* Einstein A: *Phys. Zeit.* 14, pp. 1249-1262 (1913).
重力の問題の現状について[掲載論文 5]

[22]* Einstein A: *Viertel. d. Nat. Gesell.* 58, pp. 284-290 (1914).
重力理論の物理的基礎

[23]* Einstein A: *Phys. Zeit.* 15, pp. 176-180 (1914).
一般化された相対性理論と重力理論に対する原理

[24]* Einstein A: *Scientia* 15, pp. 337-348 (1914).
相対論の問題について

[25]* Einstein A, Fokker A. D: *Ann. d. Phys.* 44, pp. 321-328 (1914).
絶対微分計算法の観点から見たノルドストレムの重力理論

[26]* Einstein A: *Zeit. f. Math. Phys.* 63, pp. 215-225 (1914).
一般化された相対性理論に基づく重力理論における場の方程式の一般共変性

[27]* Einstein A: *Sitz. d. Preuss. Akad. Wiss.* part 2, pp. 1030-1085 (1914).

226

一般相対性理論の形式的基礎

[28]* Einstein A: *Viertel. d. Nat. Gesell.* 59, pp. 4-6 (1914).

重力理論について

[29] Hilbert D: *Nachrichten von Königlich Gesell. der Wissen. zu Götingen Math-Physik*, pp. 395-407 (1915).

物理学の基礎

[30]* Einstein A: *König. Preuss. Akad. Wiss. Sitz.* pp. 778-786 (1915).

一般相対性理論について[掲載論文6]

[31]* Einstein A: *König. Preuss. Akad. Wiss. Sitz.* pp. 799-801 (1915).

「一般相対性理論について」への補遺[掲載論文7]

[32]* Einstein A: *König. Preuss. Akad. Wiss. Sitz.* pp. 831-839 (1915).

水星近日点移動の一般相対性理論による説明

[33]* Einstein A: *König. Preuss. Akad. Wiss. Sitz.* pp. 844-847 (1915).

重力場の方程式[掲載論文8]

[34]* Einstein A: *Ann. d. Phys.* 49, pp. 769-822 (1916).

一般相対性理論の基礎

[35]* Einstein A: *König. Preuss. Akad. Wiss. Sitz.* pp. 688-696 (1916).

重力場の方程式の近似的解法

[36]* Einstein A: *König. Preuss. Akad. Wiss. Sitz.* pp. 768-770 (1916).

K. シュヴァルツシルトの追悼講演

[37]* Einstein A: *König. Preuss. Akad. Wiss. Sitz.* pp. 1111-1116 (1916).
ハミルトンの原理と一般相対性理論

[38]* Einstein A: *Ann. d. Phys.* 51, pp. 639-642 (1916).
F. コトラーの論文「アインシュタインの等価性仮説と重力」について

[39]* Einstein A: *König. Preuss. Akad. Wiss. Sitz.* pp. 142-152 (1917).
一般相対性理論に関する宇宙論的考察

[40]* Einstein A: *König. Preuss. Akad. Wiss. Sitz.* pp. 154-167 (1918).
重力波について

[41]* Einstein A: *Phys. Zeit.* 19, pp. 115-116 (1918).
E. シュレーディンガーの論文「重力場のエネルギー成分」へのノート

[42]* Einstein A: *König. Preuss. Akad. Wiss. Sitz.* pp. 270-272 (1918).
W. ド・ジッター氏により与えられた重力場の方程式の解についての批判的コメント

[43]* Einstein A: *Phys. Zeit.* 19, pp. 165-166 (1918).
シュレーディンガー氏のメモ「一般共変的な重力場の方程式の解の系について」へのコメント

[44]* Einstein A: *Ann. d. Phys.* 55, pp. 241-244 (1918).
一般相対性理論の基礎原理について

[45]* Einstein A: *König. Preuss. Akad. Wiss. Sitz.* pp. 448-459 (1918).
一般相対性理論におけるエネルギー保存則

[46] Einstein A: *Sitz. d. Preuss. Akad. Wiss.* part 2, pp. 123-130 (1921).
幾何学と経験

[47]* Einstein A: *Zeit. f. Phys.* 11, p. 326 (1922).
A. フリードマン氏の論文「空間の曲がりについて」へのコメント

[48]* Einstein A: *Zeit. f. Phys.* 16, p. 228 (1923).
フリードマン氏の論文「空間の曲がりについて」へのノート

[49] Godlberg S: *Historical Studies in the Physical Sciences*, pp. 125-160 (1976).
M. プランクの自然哲学と彼の特殊相対性理論完成への尽力

[50] Renn J and Stachel J: *Max Planck Institute for the History of Science*, preprint 118 (1999).
ヒルベルトの物理学の基礎：万物理論から一般相対性理論の一構成要素へ

[51] Corry L: *Sud. Hist. Phil. Mod. Phys.* 30, no. 2, pp. 159-183 (1999).
G. ミーによる物質に対する電磁理論からヒルベルトによる物理学の統一的基礎へ

[52] Will C. M: *Living Rev. Relativ.* 17, 4 (2014).
[http://www.livingreviews.org/lrr-2014-4]
一般相対性理論と実験の対決

[53] Ashby N: *Living Rev. Relativ.* 6, 1 (2003).
[http://www.livingreviews.org/lrr-2003-1]
地球測位システムにおける相対論

[54] 高原文郎・家正則・小玉英雄・高橋忠幸編著：宇宙物理学ハンドブック（朝倉書店，2020）.

人名リスト

　本書の掲載論文ほか，総説，訳者解説で言及されている研究者について簡単に紹介する．

アインシュタイン（Albert Einstein, 1879-1955）
　理論物理学者．ドイツ Baden-Württemberg 州 Ulm（ドイツ帝国）生まれ．光電効果の法則発見で 1921 年ノーベル物理学賞受賞．

アブラハム（Max Abraham, 1875-1922）
　物理学者．ポーランド Gdańsk（ドイツ Danzig）生まれ．プランクの学生で，独自の電子論を提唱．相対性理論に一貫して反対．

イェーガー（Gustav Jäger, 1865-1938）
　物理学者．オーストリア Schönback 生まれ．ボルツマンの助手．室内音響学における Jäger-Sabine 公式で有名．

インフェルト（Leopold Infeld, 1898-1968）
　理論物理学者．オーストリア–ハンガリー帝国 Krakow（現ポーランド）生まれ．アインシュタイン，B. ホフマンと共同で，重力場の方程式より粒子の運動方程式を導出．また，M. ボルンと共同で非線形電磁気学理論（ボルン–インフェルト理論）を提唱．

エトヴェシュ（Eötvös Loránd, 1848-1919）
　物理学者．ハンガリー Buda 生まれ．慣性質量と重力質量の等値性を捩れ秤を用いた実験により高精度で確認．彼の液体表面張力に関する研究は，1911 年の液体での分子間力に関す

るアインシュタインの論文で引用されている.

オネス(Heike Kamerlingh Onnes, 1853-1926)

実験物理学者. オランダ Groningen 生まれ. 液体ヘリウムの
作成法を確立し, 低温物理の研究を大きく飛躍させた. また,
水銀を用いて低温超伝導現象を初めて発見した. これらの業
績により, 1913 年にノーベル物理学賞受賞.

ガウス(Johann Carl Friedrich Gauss, 1777-1855)

数学者・物理学者. 神聖ローマ帝国 Brunswick 生まれ. 歴史
上最高の数学者の一人.

クリストッフェル(Elwin Bruno Christoffel, 1829-1900)

数学者. プロシア Montjole (現ドイツ Monschau)生まれ. 微
分幾何学の創始者の一人.

グロスマン(Marcel Grossmann, 1878-1936)

数学者. ハンガリー Budapest 生まれ. アインシュタインの
親友で, 一般相対性理論の数学定式化を担当.

コトラー(Friedrich Kottler, 1886-1965)

理論物理学者. オーストリア Wien 生まれ. アインシュタイ
ン–グロスマン理論が発表されるより前に, 微分幾何学に基づ
いて電磁場の一般共変的定式化を導出.

シュヴァルツシルト(Karl Schwarzschild, 1873-1916)

天文学者・物理学者. ドイツ Frankfurt am Main 生まれ. 球
対称真空ブラックホール解を発見.

シュレーディンガー(Erwin Schrödinger, 1887-1961)

理論物理学者. オーストリア–ハンガリー帝国 Wien 生まれ.
量子力学の基礎, 特に波動関数を用いた定式化を確立し, シ
ュレーディンガー方程式を定式化した. 1933 年, P. ディラ
ック(P. A. M. Dirac)と共にノーベル物理学賞受賞.

ゼーマン(Pieter Zeeman, 1865-1943)

実験物理学者．オランダ Zonnemaire 生まれ．K. オネスおよび H. A. ローレンツの学生で，ローレンツの助手を務めた．ゼーマン効果を発見し，1902 年にその理論的説明を与えたローレンツと共にノーベル物理学賞受賞．

ツェンプレン(Zemplén Győző, 1879-1916)

物理学者．ハンガリー Nagykanizsa 生まれ．エトヴェシュの助手で，衝撃波の伝搬理論で知られる．

ド・ジッター(Willem de Sitter, 1872-1934)

天文学者・数学者・物理学者．オランダ Sneek 生まれ．正の宇宙項をもつアインシュタイン方程式の真空解（ド・ジッター解）を発見し，その記述する時空および宇宙モデルを研究．アインシュタインは 1917 年に宇宙項を導入しているが[39]，当初，この論文に対して批判的であった[42]．1932 年にはアインシュタインと共著で，現在アインシュタイン–ド・ジッターモデルと呼ばれる宇宙定数がゼロで平坦な空間をもつ一様等方膨張宇宙モデルを発表している．

ノルドストレム(Gunnar Nordström, 1881-1923)

物理学者．フィンランド Helsinki 生まれ．重力に対するスカラー型理論の提唱者の一人．電荷をもつ球対称ブラックホール解（ライスナー–ノルドストレム解）の発見者としても知られる．

ハーゼンオール(Friedrich Hasenöhrl, 1874-1915（戦死））

物理学者．オーストリア Wien 生まれ．電磁放射を含む空洞容器に対する慣性質量とエネルギーの等価性を示す．

ヒルベルト(David Hilbert, 1862-1943)

数学者．プロシア Königsburg（現ロシア Kaliningrad）生まれ．

20 世紀前半の数学界を牽引. アインシュタインとほぼ同時期に, 作用積分より重力場の方程式を導出.

ファラデー(Michael Faraday, 1791-1867)

実験物理学者. 英国 Southwark ロンドン自治区 Newington 生まれ. 電磁誘導に関するファラデーの法則を発見.

プランク(Max Planck, 1858-1947)

理論物理学者. ドイツ Kiel 生まれ. エネルギー量子の発見で 1918 年ノーベル物理学賞受賞.

フリードマン(Alexander Alexandrovich Friedmann, 1888-1925)

気象学者・数学者. ロシア帝国 Petrograd 生まれ. 気象学の基礎理論を確立. 一般相対性理論にもとづいて, 1922 年に一般に曲がった空間をもつ一様等方宇宙モデルの基礎方程式(フリードマン方程式)を定式化し, 宇宙物質の圧力が無視できる場合に対し, その一般解では宇宙のサイズが時間変化することを指摘. アインシュタインは当初, 彼の発見を間違いだとしたが, 後に, 自らの間違いを認めた[47, 48].

ヘルツ(Heinrich Rudolf Hertz, 1857-1894)

実験物理学者. ドイツ Hamburg 生まれ. 電磁場に対するマクスウェル-ファラデー理論の予言どおり, 電磁場の変動が光速で波動として伝搬することを実験的に証明.

ホフマン(Banesh Hoffmann, 1906-1986)

理論物理学者. 英国 Richmond 生まれ. 点粒子を場の特異点と見なすことにより, 重力場の方程式から粒子の運動方程式が導かれることを, アインシュタイン, L. インフェルトと共同で示した(1937, 1939).

ボルン(Max Born, 1882-1970)

理論物理学者. ポーランド Wroclaw(ドイツ帝国 Breslau)生まれ. 量子力学における散乱行列に対するボルン近似で有名. 量子力学における波動関数の確率解釈の提唱で 1954 年にノーベル物理学賞受賞.

マイケルソン(Albert Abraham Michelson, 1852-1931)

実験物理学者. プロシア Strelno(現ポーランド Strzelno)生まれ. マイケルソン–モーリーの実験により, 真空中の光速の不変性を示したことで 1907 年にノーベル物理学賞受賞.

マクスウェル(James Clerk Maxwell, 1831-1879)

理論物理学者. 英国 Edinburgh 生まれ. 自身とファラデーの研究成果を踏まえて, 電磁場に対する基本法則を数学的に表現するマクスウェル方程式を導出.

マッハ(Ernst Mach, 1838-1916)

物理学者・心理学者・科学史家・哲学者. オーストリア–ハンガリー帝国(現チェコ B. Chirlitz-Turas)生まれ. 超音速で運動する物体が生み出す円錐衝撃波面の頂角が物体の運動速度と音速の比(マッハ数)に反比例することを発見するなど, 実験物理学の分野で多くの先駆的業績を残す. 極端な実証主義者で, 原子論を否定し, 物体の慣性が他の物体の存在により生じるというマッハの原理を提唱したことでも有名. マッハの原理は, アインシュタインに大きな影響を与えた.

ミー(Gustav Mie, 1868-1957)

物理学者. ドイツ Rostock 生まれ. 一般相対性理論を受け入れず, 独自のスカラー型重力理論を提唱. 金属コロイド溶液による電磁波の散乱公式でも有名.

ミンコフスキー（Hermann Minkowski, 1864-1909）

数学者．ロシア帝国 Aleksotas（現リトアニア Kaunas）生まれ．特殊相対性理論においてミンコフスキー時空の概念を導入し，そこでのテンソルを用いて，共変性が一目で分かる理論形式を提唱．整数論の研究で多くの業績を残した．

モーリー（Edward Williams Morley, 1838-1923）

実験物理学者．米国 New Jersey 州 Newark 生まれ．マイケルソンと共にマイケルソン–モーリーの実験を主導．1907 年ノーベル物理学賞受賞．

ライスナー（Hans Jacob Reissner, 1874-1967）

空気力学技術者．ドイツ Berlin 生まれ．電荷をもつ球対称ブラックホールを表すライスナー–ノルドストレム解の発見で知られる．

ラウエ（Max Theodor Felix von Laue, 1879-1960）

実験物理学者．ドイツ帝国 Pfaffendorf（現ドイツ Koblenz）生まれ．結晶による X 線の回折現象を発見し，X 線が電磁波であることを示した．1914 年ノーベル物理学賞受賞．

リーケ（Eduard Riecke, 1845-1915）

物理学者．ドイツ Stuttgart 生まれ．電子を実験的に発見．金属の原子論と伝導理論，磁化の実験的研究でも有名．

リーマン（Bernhard Riemann, 1826-1866）

数学者．ドイツ Hannover 生まれ．19 世紀最高の数学者の一人．多様体，リーマン面など多くの現代の基礎概念を創出．ゼータ関数に関するリーマン予想はいまだに証明されていない．

リッチ（Gregorio Ricci-Curbastro, 1853-1925）

数学者．イタリア Lugo di Romagna 生まれ．微分幾何学の

創始者の一人.

ルヴェリエ(Urbain Jean Joseph Le Verrier, 1811-1877)

　数学者・天文学者. フランス Saint-Lô 生まれ. 理論計算により海王星の存在と位置を予測. 水星の近日点移動の値を説明するために新たな惑星(バルカン)の存在を主張.

レヴィ=チヴィタ(Tullio Levi-Civita, 1873-1941)

　数学者. イタリア Padova 生まれ. 微分幾何学の創始者の一人.

ローレンツ(Hendrik Antoon Lorentz, 1853-1928)

　理論物理学者. オランダ Arnhem 生まれ. アインシュタインと同時期に, エーテル理論から出発して特殊相対性理論とほぼ等価な理論(ローレンツの電子論)を完成. 磁場の電磁放射現象への影響の研究で, 1902 年にノーベル物理学賞をゼーマン(P. Zeeman)と共同受賞.

アインシュタイン 一般相対性理論

2023 年 1 月 13 日　第 1 刷発行

編訳・
解説者　小玉英雄

発行者　坂本政謙

発行所　株式会社 岩波書店
　　　　〒101-8002 東京都千代田区一ツ橋 2-5-5

　　　　案内 03-5210-4000　営業部 03-5210-4111
　　　　文庫編集部 03-5210-4051
　　　　https://www.iwanami.co.jp/

印刷 製本・法令印刷　カバー・精興社

ISBN 978-4-00-339343-7　Printed in Japan

読書子に寄す

—— 岩波文庫発刊に際して ——

岩波茂雄

　真理は万人によって求められることを自ら欲し、芸術は万人によって愛されることを自ら望む。かつては民を愚昧ならしめるために学芸が最も狭き堂宇に閉鎖されたことがあった。今や知識と美とを特権階級の独占より奪い返すことはつねに進取的なる民衆の切実なる要求である。岩波文庫はこの要求に応じそれに励まされて生まれた。それは生命ある不朽の書を少数者の書斎と研究室とより解放して街頭にくまなく立たしめ民衆に伍せしめるであろう。近時大量生産予約出版の流行を見る。その広告宣伝の狂態はしばらくおくも、後代にのこすと誇称する全集がその編集に万全の用意をなしたるか。千古の典籍の翻訳企図に敬虔の態度を欠かざりしか。さらに分売を許さず読者を繋縛して数十冊を強うるがごとき、はたしてその揚言する学芸解放のゆえんなりや。吾人は天下の名士の声に和してこれを推挙するに躊躇するものである。この文庫は予約出版の方法を排したるがゆえに、読者は自己の欲する時に自己の欲する書物を各個に自由に選択することができる。携帯に便にして価格の低きを最主とするがゆえに、外観を顧みざるも内容に至っては厳選最も力を尽くし、従来の岩波出版物の特色をますます発揮せしめようとする。この計画たるや世間の一時の投機的なるものと異なり、永遠の事業として吾人は微力を傾倒し、あらゆる犠牲を忍んで今後永久に継続発展せしめ、もって文庫の使命を遺憾なく果たさしめることを期する。芸術を愛し知識を求むる士の自ら進んでこの挙に参加し、希望と忠言とを寄せられることは吾人の熱望するところである。その性質上経済的には最も困難多きこの事業にあえて当たらんとする吾人の志を諒として、その達成のため世の読書子とのうるわしき共同を期待する。

岩波書店は自己の責務のいよいよ重大なるを思い、従来の方針の徹底を期するため、すでに十数年以前より志して来た計画を慎重審議この際断然実行することにした。吾人は範をかのレクラム文庫にとり、古今東西にわたって文芸・哲学・社会科学・自然科学等種類のいかんを問わず、いやしくも万人の必読すべき真に古典的価値ある書をきわめて簡易なる形式において逐次刊行し、あらゆる人間に須要なる生活向上の資料、生活批判の原理を提供せんと欲する。この文庫は予約出版の方法を排したるがゆえに、

昭和二年七月

今西祐一郎編注
源氏物語補作
山路の露
雲隠六帖　他二篇

薫と浮舟のその後は、光源氏の出家と死の真相は、源氏と六条御息所の馴れ初めは？──昔も今も変わらない、源氏に魅せられた人々の熱い想いが生んだ物語。
〔黄一五一-一九〕　定価一〇六七円

國方栄二編訳
ヒポクラテス医学論集

臨床の蓄積から修得できる医術を唱えた古代ギリシアの医聖ヒポクラテス。『古い医術について』『誓い』『箴言』など代表作一〇篇を収録。『ヒポクラテス伝』を付す。
〔青九〇一-二〕　定価一一一一円

トマス・リード著／戸田剛文訳
人間の知的能力
に関する試論（上）

スコットランド常識学派を代表するリードは、懐疑主義的傾向を批判し、人間本性（自然）に基づく『常識』を認識や思考の基礎とすることを唱えた。（全三冊）
〔青N六〇六-一〕　定価一六五〇円

──今月の重版再開──

ジョージ・エリオット作／土井治訳
サイラス・マーナー
〔赤二三六-二〕　定価一〇二二円

家永三郎編
植木枝盛選集
〔青一〇七-二〕　定価九九〇円

定価は消費税10％込です　　　2022.12

真鍋昌弘校注

閑吟集

中世末期、一人の世捨人が往時の酒宴の席を偲んで編んだ小歌選集。多彩な表現をとった流行歌謡が見事に配列、当時の世相や風景、人々の感性がうかがえる。〔黄一二八-一〕 **定価一三二〇円**

小玉英雄編訳・解説
アインシュタイン

一般相対性理論

アインシュタインが一般相対性理論を着想し、定式化を完了するまでに発表した論文のうち六篇を精選。天才の思考を追体験する。〔青九三四-二〕 **定価七九二円**

ヤン・ポトツキ作/畑浩一郎訳

サラゴサ手稿（下）

物語も終盤を迎え、ついにゴメレス一族の隠された歴史とアルフォンソの運命が明かされる。鬼才ポトツキの幻の長篇、初めての全訳、完結！（全三冊）〔赤N五一九-三〕 **定価一一七七円**

尾崎雅嘉著/古川久校訂

百人一首一夕話（上）

〔黄三三五-一〕 **定価一一七七円**

尾崎雅嘉著/古川久校訂

百人一首一夕話（下）

〔黄三三五-二〕 **定価一〇六七円**

...... 今月の重版再開 ......